U0395130

小动物医学
Small Animal Medicine
第 1 辑 2016 年 5 月

宗旨	传播小动物临床知识 保障动物和人类健康幸福
目标	打造中国小动物医学发展交流的平台 世界了解中国兽医发展及国际交流的窗口

已有基础

中国畜牧兽医学会小动物医学分会聚集了一大批从事小动物临床医学科研、教学和临床实践的精英，还有全国广大临床一线的医师。有全国小动物相关协会，地方宠物医师协会的支持，为办好《小动物医学》奠定了基础。分会多年来一直致力于出版一本全国性的专业读物，编委会成员中很多人有办刊经验。特别是聘请的外籍编委中，有美国小动物心脏病专业杂志主编，美国兽医信息网站的编辑，美国执业兽医师考试委员会出题人，还有动物遗传病研究所专家。欧洲方面的编委有小动物皮肤病、猫科疾病权威专家。还有我国台湾地区小动物专家等。特别是有中国农业出版社的大力支持。这些都为《小动物医学》的出版创造了良好的条件。

招商规则

招商以注册产品为准，宣传不得夸大，不得发布虚假信息。
刊登的文章不得夹杂广告或商品信息，编委会有权对稿件根据实际情况进行编辑处理。
所有文章文责自负。

支持单位

编辑委员会
The Editorial Committee

科学顾问

夏咸柱　陈焕春　闫汉平　高　福
金宁一　沈建忠　刘文军　杨汉春

名誉主编 林德贵
主　编 施振声
副主编 邱利伟　彭广能　靳　朝　金艺鹏

编委会（按姓氏笔画排序）

丁明星　于咏兰　王　亨　王九峰　王祖锁　牛光斌
邓干臻　叶俊华　田海燕　吕艳丽　刘　云　刘　朗
刘钟杰　刘萌萌　汤小鹏　许剑琴　孙艳争　李守军
李建基　肖　潇　邱志钊　邱贤猛　张成林　张珂卿
陈　武　陈鹏峰　金艺鹏　钟友刚　侯家法　姚海峰
袁占奎　夏兆飞　钱存忠　唐兆新　黄利权　麻武仁
董　军　董　轶　董君艳　董悦农　蒋　宏　韩　谦
韩春阳　谢建蒙　谢富强　靳　朝　赖晓云　潘庆山

外籍编委

Rhea Morgan, Henry Yoo, Urs Giger, Micheal Lapin,

海外华人

闻久家　谢慧胜　吕　峥　史记署

编辑室： 胡　婷　王森鹤
电话： 010-53329912　010-59194349
投稿邮箱： cnjsam@163.com
编辑部地址 Address
北京市海淀区中关村SOHO大厦717室
Haidian District Zhongguancun Beijing SOHO Building 717
邮政编码 Postcode　100000
设计制作 Layout
北京锋尚制版有限公司　Beijing FengShang Plate Making Co.,LTD

图书在版编目（C I P）数据

小动物医学. 第1辑 / 中国畜牧兽医学会小动物医学
分会组编. -- 北京：中国农业出版社，2016.5
ISBN 978-7-109-21702-7

Ⅰ.①小… Ⅱ.①中… Ⅲ.①兽医学 Ⅳ.①S85

中国版本图书馆CIP数据核字(2016)第107252

中国农业印刷厂印刷　　新华书店北京发行所发行
2016年5月第1版　　2016年5月北京第1次印刷
开本：889mm×1194mm　1/16　印张：4.5
定价：28.00元
（凡本版出现印刷、装订错误，请向出版社发行部调换）

小动物医学
Small Animal Medicine
目　录

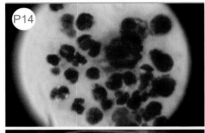

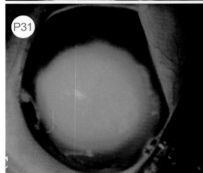

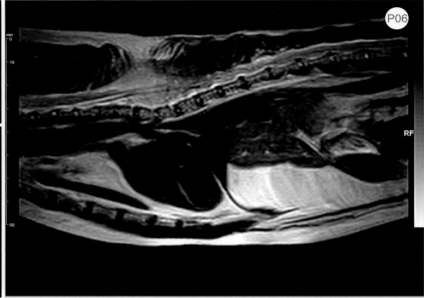

中国畜牧兽医学会小动物医学分会主办的《小动物医学》正式出版发行了！在她诞生之前就已引起国内外的广泛关注，中国畜牧兽医学会常务副理事长闫汉平先生说："小动物医学发展速度非常之快，但目前有关小动物医学方面的教育、研究、产业开发等没有跟上。兽医教育应该面向临床，培养合格的临床兽医。我赞同小动物医学分会主办专业出版物，针对所有小动物医学相关人员建立一个高水平的交流平台"。 美国著名小动物眼科专家Rhea Morgan博士作为《小动物医学》的国际编委，建议我们增加英文摘要的内容。国外编委会帮助我们在国际交流方面做一些工作，让优秀的兽医知识和经验通过此平台引进到中国，也让国外的同行能够了解中国兽医同行所做的工作。

一本专业读物是需要历史积淀的，是行业内学术交流的重要媒介之一，也是引领和伴随行业发展的重要平台。从2005年中国畜牧兽医学会小动物医学分会成立之日起，拥有属于自己的小动物医学专业出版物，一直是我们的梦想之一！我们不会忘记那些为小动物医学发展和筹办专业出版物做出过突出贡献的专家、学者和临床医师，特别是中国工程院院士夏咸柱先生的热心关怀和指点，还有中国农业出版社养殖分社黄向阳社长和邱利伟副社长在具体出版方面给予的巨大的支持。

面对快速发展的小动物医学学科和我国小动物医师数量的不断增加，《小动物医学》必须与时俱进，以我国小动物医师为中心，明确兽医临床定位，搭建技术交流平台，整合国内外兽医资源，体现学术的先进性和实用性，这是《小动物医学》发展的重要基础。毫无疑问，专业与科学、传承与积累、认真与执着、学习与提高，这些品质都是办好《小动物医学》的重要内涵。我们有理由相信，做得更好才是硬道理！

真诚欢迎国内外小动物医学领域的专家、学者、临床医师对《小动物医学》提出宝贵意见和建议，欢迎踊跃投稿！

让我们携起手来，为办好中国《小动物医学》而共同努力！

林德贵　教授，名誉理事长
施振声　教授，理事长
中国畜牧兽医学会小动物医学分会
2016年5月10日于北京

猫脊柱裂临床诊断与治疗

高健　姚海峰*
北京派仕佳德动物医院，北京，100192

摘要： 猫后肢麻痹或瘫痪的病例在临床上相对较少，先天发育异常引起的病症更为少见。笔者近期收治一例猫的渐进性双侧后肢麻痹和瘫痪的案例，经X线拍片、脊髓造影、核磁共振及手术探查，最终确诊为先天性胸段脊柱裂合并脊髓脊膜突出，并导致脂肪髓膜瘘。脊柱裂属于脊柱结构先天性发育不良的情形之一，国外文献及人类医学文献定义其为"神经管闭合不全"，其原因为神经管在发育过程中中线的不完全或异常融合。脊柱裂的病理变化一般从包括皮肤、皮下组织和/或神经组织的隐性脊柱裂到更严重的裂颅畸形，并发不同程度的脑脊膜突出和脊髓脊膜突出。犬猫的脊柱裂文献报道在国内尚未见到，国外的文献也相对较少，现报道如下。

关键词： 脊柱裂，脊髓拴系综合征，脂肪髓膜瘘

Abstract: A 5 year old female spayed DSH cat with congenital thoracic spinal bifida was diagnosed with mylography, MRI, and confirmed with surgery after the complete examination. Myelomeningoceles were diagnosed after the lesions were exposed during the surgery and lipomeningoceles were also present at the site. This is a congenital dysplasia in spinal development during the embryonic or the neonatal stages, when the fusion in spinal ventrimeson is incomplete, which is the cause of the "spinal dysraphism". Clinical presentation is usually hindquarter paralysis with muscle dystrophy of affected areas of the region. Surgical correction is the choice of treatment, and the prognosis is guarded.

Keyword: Spina bifida, Tethered Cord Syndrome, Lipomeningocele.

1 病例情况

猫，5岁，雌性，已绝育，DSH；主诉相当长一段时间右后肢无力，拖地行走，最近2周左后肢也出现相似症状；双侧后肢近几年来都会出现不同程度毫无缘由的抽搐和抖动，就诊前无法自主排尿，双侧后肢已无法自主站立行走。曾给予非甾体类抗炎药物和皮质类固醇激素药物治疗，未见好转，病情仍逐渐加重。

2 诊断

2.1 神经学检查　其站姿为前后肢脚掌着地并有弓背的现象。走路姿势为前肢正常爬行，后肢不协调，前躯拖动双侧后肢活动，后肢伸肌反射亢进式向后蹬腿滑行，前肢停止时后肢仍然在划动。后肢反射检查双后肢主要表现为上行性神经元损伤，反射亢进；左右后肢膝跳反射亢进，跟腱反射亢进，痛觉过敏，回缩反应不恰当

通讯作者
姚海峰　中国农业大学博士，现任北京派仕佳德动物医院院长。联系方式：dr.yao@sina.com。
Corresponding author, Eric Yao, Beijing Pestsguard Animal Hospital. E-mail: dr.yao@sina.com.

的过度反应，伸肌反射亢进；右后肢膝跳反射正常或略亢进，跟腱反射减弱，痛觉正常，回缩反应不恰当地过度反应，伸肌反射正常或略亢进。脊柱触诊见L4—S1段按压敏感，T3—L3段按压敏感，皮肌反射分界约在胸腰椎结合段。膀胱过度充盈，尿溢，同时表现上行性的神经损伤。神经损伤分级为3级。

2.2 实验室检查 血液检查项目除五分类血常规见中性粒细胞数目增多，生化见CK=6899U/L（0-314）和AST=87U/L（0-48）增高以外，其余项目均在正常范围之内。

2.3 X线影像学检查 X线侧位平片见从第2胸椎至第9胸椎明显异常，异常情况主要有：第2胸椎至第4胸椎椎

注射后完毕后立即拍摄X线片。脊髓造影的结果显示从第3胸椎段开始脊髓神经向背侧抬起离开椎管底部，直到第9胸椎后侧再次进入椎管正常位置。

管背侧与脊突交界部位形成一明显的骨化白线，第4胸椎脊突有骨膜反应，T5—T8脊突排列异常，特别是T8/T9脊突间隙增大。T4至T9胸椎向腹侧弯曲，曲度异常，T5—T8胸椎椎体骨密度增加，此段脊突间隙较狭窄，背侧椎板线消失，脊突密度分布异常（图1）。

X线腹背位平片可见第3胸椎和第4胸椎椎体轻微变形，呈现梯形结构。第5胸椎后段至第10胸椎前段椎体中央可见一长条低密度管状结构，此结构宽度占到椎体宽度的80%左右，T4—T7脊突影像消失（图2）。

2.4 脊髓造影 动物麻醉后使用专用脊髓穿刺针在L5／L6椎间隙穿刺进入蛛网膜下腔，待确认穿刺正确后，缓慢注入碘海醇（0.4ml／kg），注射后完毕后立即拍摄X线片。脊髓造影的结果显示从第3胸椎段开始脊髓神经向背侧抬起离开椎管底部，直到第9胸椎后侧再次进入椎管正常位置。T4—T8脊髓完全脱离椎管，T4—T7脊突位置脊髓背侧造影线模糊，并与部分造影剂进入其背侧组织内，此部位脊髓神经截面变窄（图3）。

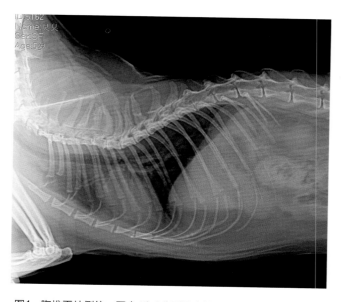

图1 胸椎平片侧位，图中4和9分别是胸椎的编号

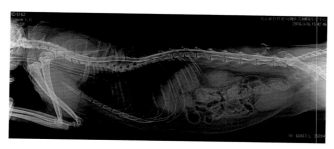

图3 脊髓造影X线片

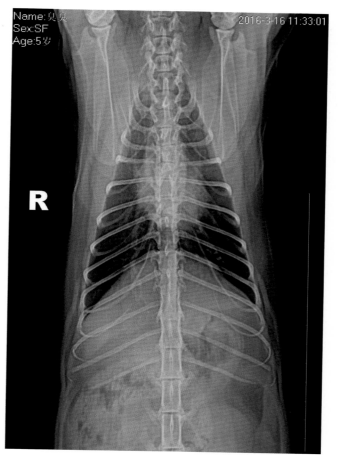

图2 X线腹背位。
箭头所示为低密度管状边缘，3和10分别为脊椎对应编号

2.5 MRI检查胸椎段 段脊髓正中矢状面断层扫描，T2加权成像显示T4—T8胸段脊髓神经影像异常，此段脊髓受压变细，周围组织呈T2高信号、T1高信号特征，椎体曲度异常，脊髓异位，离开椎管底部椎管。脊髓背侧的组织与皮下脂肪相连，且MRI信号相同，皮下脂肪通过一上宽下窄漏斗形与脊髓上方组织连接在一起，脊髓背侧的高信号组织呈下宽上窄形状（图4）。

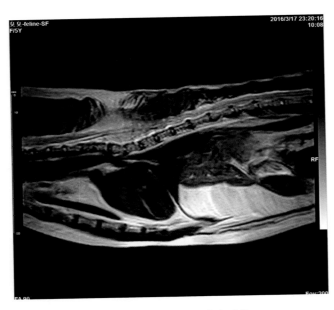

图4 胸段脊髓正中矢状面断层扫描，T2加权成像
A为正常脊髓，B为脊膜脂肪瘘，箭头所指的部位为变细的脊髓神经

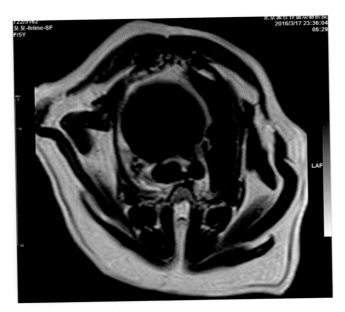

图5 T2加权成像显示胸椎异常段的横断面
1为瘘管；2为皮下结缔组织；3为脊柱旁多裂肌；箭头所示为T2低信号的脊突。横线所标记的为椎体横断面

胸段脊髓横断面T2加权成像显示同一个胸椎椎管背侧棘突分裂为左右两个，在T2像上棘突呈现黑色信号，两侧棘突中间形成一管道，T2加权像显示为灰白色高信号，与皮下结缔组织信号相同。从横断位上可清晰地看到椎管背侧未闭合，并且椎管与皮下组织相通。从图5可清晰看到脊髓两侧无信号的脊突。

胸段脊髓横断面T2加权成像显示同一个胸椎椎管背侧棘突分裂为左右两个，在T2像上棘突呈现黑色信号，两侧棘突中间形成一管道，T2加权像显示为灰白色高信号，与皮下结缔组织信号相同。从横断位上可清晰地看到椎管背侧未闭合，并且椎管与皮下组织相通。从图5可清晰看到脊髓两侧无信号的脊突。

2.6 鉴别诊断 鉴别诊断包括脊柱脊髓炎、脊柱外伤、脊柱裂、脊髓脊膜膨出/脑脊膜突出/脂肪髓样瘘（瘤）、椎体畸形、硬膜囊肿/蛛网膜囊肿、类皮窦及肿瘤等。依据病史、影像学等检查结果，初步诊断为先天性脊柱裂，胸椎椎体多处脊突发育畸形分裂成左右两块，并有较宽的开裂。表现为脊髓向背侧离开椎管进入脊柱裂形成的管道内。结缔组织通过瘘管与脊髓背侧粘连，脊髓受到变形的椎体呈弓样牵拉。

3 手术治疗

观察到T4—T8脊髓变细及脊髓背侧与结缔组织粘连等情况，决定手术切除半侧脊突扩大瘘管管腔，同时剥离此部位背侧粘连的脊髓。皮肤切口位于T3—T9背正中线，分离皮下组织，剥开浅层背部的胸半棘肌和异常的筋膜，随即可见清亮液体流出，继续往深部剥离，发现异常的筋膜穿透脊突正中，清亮的液体继续从缝隙中漏出。沿着左侧畸形的脊突贴近剥开骨膜和周围软组织，筋膜与脊突附着较为紧密，剥离显露T4—T8左侧脊突，在脊突中部使用高速气钻打磨和切断左侧部分脊突直至显露瘘管腔和脊髓，使用咬骨和椎板钳修整脊髓左侧脊突和切除部分椎板，直至完全显露此段脊髓。使用神经探钩小心剥离脊髓背侧硬膜周围粘连的组织，并探查周围组织的质地和生长情况。探查可见部分硬膜缺口，硬膜与上述的缝隙筋膜相连，形成硬膜与皮下组织的瘘道，清亮的液体即由此漏出，瘘道壁呈脂肪样组织和囊状组织，由此印证MRI上T1加权成像和T2加权成像均为高信号组织为脂肪样组织。清亮液体确定为脑脊液。切除硬膜和瘘道的连接组织，切除部分硬膜，探查可见脊柱裂段的脊髓变细，清洗手术部位，逐层缝合各层组织和皮肤。

4　讨论和小结

脊柱裂（spina bifida）是一种先天性的椎体畸形，在胚胎期椎体背侧椎弓部分融合失败。脊柱裂可以单独发生，不一定引起功能的异常，但更多的时候合并脑脊膜和/或脊髓畸形，如脑脊膜突出/脊髓脊膜突出（meningoceles/myelomeningoceles）。脊柱裂按照是否有脑脊膜突出椎管（伴有实质组织）和脑脊液漏出（不伴有实质组织），分为开放型/开口型脊柱裂（spina bifida aperta）和隐性脊柱裂（Spina bifida occulta）。一些文献表明英国斗牛犬和马恩岛猫有发生此病的倾向[1]。

脑脊膜突出是指脑脊膜（包含脑脊液）通过脊柱裂缺口管道样延伸至皮肤下层。脊髓脊膜突出是脑脊膜突出更少见的一种形式，脊膜突出部分包含脊髓。脑脊膜突出包含一大片皮肤相关的脂肪组织和结缔组织，称之为脂肪髓膜瘘/瘤（lipomeningocele）[2]，人类医学上一些观点认为是表皮外胚层过早从神经外胚层分离出来，间质可能进入了正在闭合的神经管导致的。间质在神经管局部闭合时阻断了神经管局部组织的接触，受到了背侧的诱导分化形成脂肪，形成一种脂肪"插入"神经管的现象，并伴随背裂。猫身上这些异常最常见于荐椎和尾椎区域，很少出现在胸腰椎和颈椎段区域。脊髓脊膜突出被认为是神经褶的不完全融合导致的狭窄的脊髓背裂和神经外胚层的不完全分离，引起北侧神经壁与表皮外胚层相连而产生的畸形，与皮窦的发病机制非常相似[3]。本病例中，推测该影像的发展是由于神经表皮的粘连将神经组织向背侧牵拉，脊髓离开椎管并夹于两侧的裂开的脊突之中，周围脂肪样组织异常生长填充。

脊柱裂依据发病部位不同，临床症状各异，据文献报道猫主要出现于荐椎和尾椎区域，此部位出现临床症状时，主要以大小便失禁为主。本文报道之病例发生于胸椎部位，该病例出现膀胱内尿潴留，导致尿液溢出，背侧腰部神经和双侧后肢感觉过度敏感，后肢强有力的抖动等症状均为胸段脊髓上行性损伤引起的。此案例神经损伤最有力的依据是脊髓位置和形态出现异常，表现为脊髓脱离椎管及发病部位脊髓变细等情况，这主要是脊髓拴系综合征（tethered cord syndrome，TCS）引发。在胚胎发育期间异常固定神经的终丝受到牵拉引起异常，也可以是脊柱结缔组织粘连硬膜产生牵拉作用导致脊髓神经部分缺失，最终导致临床功能失常。TCS通常与脑脊膜突出/脊髓脑膜突出同时出现。发生TCS时，外科手术松解拴系部位理论上是可行的方案，但实际案例中因脊髓神经已经被牵拉过度，神经损伤已经不可逆转，药物治疗多数没有太好的效果，但是手术解除牵拉可能是有帮助的。手术的目的是切除多余的脂肪组织和结缔组织，松解脊髓[4]。手术治疗的原则是越早越好。但是脂肪脊髓脊膜突出的动物病例极少报道，治疗方式也由于医生的治疗方式大有不同。该病例术后背部的感觉过敏症状消失，但是膀胱的症状没有消失，需要人工辅助排尿。术后的并发症，个人认为会发生脂肪组织和结缔组织生长再压迫，脊柱进一步变形而加重脊髓拴系综合征，手术修复后瘢痕组织收缩粘连。术后治疗方面，营养神经和物理疗法同时需要进行。

手术的目的是切除多余的脂肪组织和结缔组织，松解脊髓[4]。手术治疗的原则是越早越好。但是脂肪脊髓脊膜突出的动物病例极少报道，治疗方式也由于医生的治疗方式大有不同。该病例术后背部的感觉过敏症状消失，但是膀胱的症状没有消失，需要人工辅助排尿。术后的并发症，个人认为会发生脂肪组织和结缔组织生长再压迫，脊柱进一步变形而加重脊髓拴系综合征，手术修复后瘢痕组织收缩粘连。

参考文献

[1]　Wheeler J,Sharp H. Small Animal Spinal Disorders:Diagnosis and Surgery,2nd Elsevier,2005，14：322.

[2]　Curtis W，Dewey,Ronaldo C. da Costa.Practical Guide to Canine and Feline Neurology,3rd edition，2015,361-366.

[3]　Naidich T P,McLone D G,Mutleur S. A new understanding of dorsal dysraphism with lipoma(lipomyeloschisis): radiological evaluation and surgical correction.AJNR Am J Neuroradiol, 1983,4:103-116.

[4]　Naidich T P,McLone D G.Congenital pathology of the spine and spinal cord. In:Taveras JM, Ferucci JT,eds. Radiology diagnosis/imaging/intervention.Philadephia:J. B.Lippincott,1986.

犬猫局部麻醉的临床应用及技巧

靳雨东[1*] 陈宏武[1] 许超[1] 王咸棋[2] 潘庆山[3]

1 北京恒爱动物医院，北京，100125　2 台湾中兴大学动物医学系　3 中国农业大学动物医学系，北京，100193

摘要： 局部麻醉技术以多种形式应用于犬猫临床，在吸入麻醉基础上可进行复合麻醉，规避全身麻醉带来的危险及不良反应，也可配合镇静和安神剂独立进行应用。局部麻醉可对进行全身麻醉及手术的动物提供复合镇痛效果；利用B超技术分辨神经，并进行合理的局部神经传导阻滞，可增加安全性。

犬猫局部麻醉中的常见技巧包括浸润式麻醉、特定神经阻滞、臂神经丛阻滞、区域性阻滞、硬膜外麻醉、肋间神经阻滞、关节内术后阻滞等。其用药目前也很多元化，除应用常见的局部麻醉剂外，还可应用阿片类，a2激动剂等给予止痛，在术后均可提供更长效的镇痛效果。

关键词： 犬猫，局部麻醉，硬膜外，臂神经丛，眶上/下神经

Abstract: In the small animal practice, the local anesthesia techniques have been combined with inhaled anesthesia; To avoid the risks and side effects of general anesthesia, local anesthesia with sedation may apply independently; Local anesthesia techniques can be performed after general anesthesia and surgery to provide a multiple analgesic effect; B-type ultrasound guided techniques can be used to distinguish between nerves, which increasing safety of the local nerve block;

Common techniques are invasion type, specific nerve block, brachial plexus block, regional block, epidural anesthesia, intercostal nerve block, intraarticular of post- surgery; Currently has a variety of choices of medication no only local anesthetic but also Opioids, and a2 receptor stimulants, which can provide a long-lasting analgesic effect.

Keyword: canine and feline, local anesthesia, epidural, brachial plexus, supraorbital / infraorbital nerve

1 药物

1.1 利多卡因　在犬的剂量为1~2mg/kg，一般来说，犬可以耐受利多卡因的最大剂量为4mg/kg，除非需要注射部位的血管吸收性很强，例如肋间区或有炎症的区域。猫对利多卡因的副作用非常敏感，因此要尽可能使用低剂量（0.25~1mg/kg）。

1.2 布比卡因　起效稍慢：10~15min作用时间长：为3~8h，高蛋白结合性，95%在肝脏内代谢，通过尿液排泄。阻断神经冲动的产生和传导。不可进行静脉内注射。对心脏的毒性比利多卡因大。在犬的剂量为2mg/kg，在猫的剂

量为0.5~1mg/kg。注射时要避免注入静脉内。注射布比卡因的部位距神经越近，起效越快。提前了解相应的解剖结构，使注射靠近神经，这样会更加高效快速。当正确使用时通常会在1~2min内提高有效的镇痛。当对皮肤和其他无特定神经的区域进行阻断时，完全起效可能需要15~20min。

禁忌：不推荐将利多卡因和布比卡因混合，因为相对于单独使用，混合使用会延长起效时间，减少作用时间。当在同一动物的不同部位分别使用这两种药物时，要记住剂量有累积性，无论是单独使用还是一起使用，总量都不要超过1~2mg/kg。

1.3 注意事项　局部麻醉剂中毒的症状包括中枢神经系

通讯作者
靳雨东　北京恒爱动物医院。联系方式：307277236@qq.com。
Corresponding author, Yudong Jin, Beijing Heng'ai Animal Hospital, E-mail: 307277236@qq.com.

统症状，如动物清醒时出现抽动、震颤和抽搐，或在麻醉动物出现心脏抑制。如果静脉注射，布比卡因能引起致死性心脏毒性。局部麻醉剂中毒的治疗包括停用该药或减量，以及支持治疗。如果需要，用地西泮控制动物抽搐。

2 局部麻醉技术及种类

2.1 线性阻断 在一些情况下很有效，如在剖宫产和腹部手术，动物可能因吸入较低麻醉维持浓度而受益。局部浸润时每个部位0.3~0.5ml，不要超过最大剂量。如果需要的容量大，可以用灭菌生理盐水1倍稀释。利多卡因起效很快，会降低身体对手术的疼痛反应。在预测术后会出现明显疼痛的部位使用布比卡因会提高更长时间的镇痛效果。记住，在妊娠动物，局部麻醉剂的剂量要降低50%~75%（图1）。

2.2 区域阻断 是非常好的技术，可以为小的和浅表的肿物切除提供镇痛。全身麻醉下该方法也会为大肿物的切除提供帮助，但要小心不能超过局部麻醉剂的最大剂量。如果切除的范围比较大，用灭菌生理盐水1倍稀释，增大注射剂量。这种类型的阻断需选用布比卡因，主要是因为其术后的镇痛作用比较长。理想情况下，阻断应该在麻醉前用药之后、诱导麻醉之前实施，使其有10~15min完全起效（图1）。

2.3 周围/环形阻断 最常用于犬猫断指术及指部肿物切除或指切除术。阻断应该在麻醉前用药之后、诱导麻醉之前实施，使其有10~15min完全起效。当在猫断指中合理使用时，布比卡因环形阻断能在3~5min内提供有效的镇痛（图2）。

2.4 睾丸内阻断 已经被常规用于犬和猫的去势，会大大降低全身维持麻醉程度，也会在术中处理精索时提供明显的镇痛效果。诱导麻醉之后、开始手术准备前：2mg/kg利多卡因，用22G的2.54~3.81cm（1~1.5in）针头（中型到大型犬）；或1~2mg/kg利多卡因，用25G的5/8英寸针头（猫和小型犬）。将针头从后向前刺入睾丸的中心；抽吸，确保未刺入血管中；缓慢注射1/3~1/2的利多卡因，感受注射的压力，直到睾丸摸起来有肿胀。同样对另一个睾丸进行注射，可在1~2min内起效（图3）。

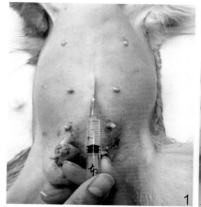

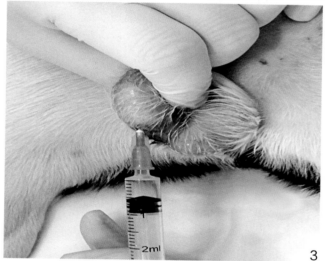

图1 局部麻醉注示意 　　　图2 犬爪部麻醉注射

图3 睾丸内局部麻醉注射

如在剖宫产和腹部手术，动物可能因吸入较低麻醉维持浓度而受益。局部浸润时每个部位0.3~0.5ml，不要超过最大剂量。如果需要的容量大，可以用灭菌生理盐水1倍稀释。利多卡因起效很快，会降低身体对手术的疼痛反应。

2.5 关节内阻断 在关节切开前用利多卡因实施，也可以同时在闭合关节前采用布比卡因。但要记住，剂量有累加性；总剂量不能超过2mg/kg。布比卡因术后一般能提供4~6h的局部镇痛。

2.6 肋间阻断 是一项非常好的技术，在一些情况下为动物提供舒适性和镇痛，如肋间骨断裂、胸导管放置或开胸术。选用的局部麻醉剂是布比卡因，在所涉及部位之前和之后两个肋间注射。应该阻断最少3个连续的肋间。这个区域血管很丰富，全身吸收率很高，因此在计算最大剂量时要非常小心。根据需要，每8h可重复操作。要密切监控是否有任何局部麻醉剂过量的症状，如心搏过速、颤抖等，并根据需要减量。应该在每个肋骨的近端或后缘注射。要始终先抽吸，确保未注入血管内（图4）。

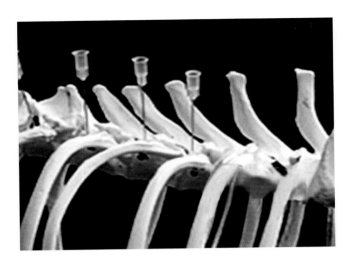

图4　肋间阻断示意图

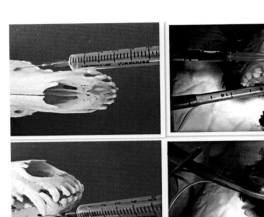

图5　齿神经阻断示意图

2.7 齿神经阻断　多数牙科操作有强烈的感觉刺激，会影响对全身麻醉的需要和术后的苏醒。齿神经阻断会局部阻断这些感觉刺激，应该作为整体疼痛管理的一部分。局部齿神经阻断能降低所需吸入麻醉的浓度，从而减少其副作用，比如低血压、心动过缓和通气不足。此外，齿神经阻断使动物易于从麻醉中苏醒，因为口腔疼痛的减轻也会将术后的副作用降到最低，例如高血压、心动过速和呼吸急促。

局部麻醉剂完全阻断了感觉神经的传递，并防止继发的（中枢性）疼痛感觉。因此，局部阻断剂经常与其他注射和全身性止疼剂配合使用。

口腔感觉神经的支配起源于三叉神经。上颌、下齿、软组织和硬组织及腭由上颌神经支配，从蝶腭窝进入上颌孔和眶下管。上颌神经分支进入眶下神经，之后分支进入后、中和前上齿槽神经。下颌、下齿及软组织和硬组织由下颌神经支配。在进入下颌孔之前，下颌神经分支进入舌神经，对舌和下齿槽神经提供感觉神经支配。这个分支进入前、中和后颏神经，对下臼齿、前臼齿、犬齿、切齿及前下颌的软组织和硬组织提供感觉神经支配。眶下、后上颌、中颏孔和下齿槽（下颌）是兽医学中最常采用的局部齿神经阻断部位。进针有几种不同的技术，包括口腔内和口腔外进针位置（图5）。

2.8 注射管　在术中放置，例如截肢术、大肿物切除和全耳道切除术等可能会有明显的术后疼痛的手术。用手术刀在红色橡胶管钻孔，然后将其缝入手术区，与引流的放置非常相似。用蝶形胶带或者中国指套缝合将其固定在皮肤上。在管的开头端盖上接头。计算布比卡因的量，用灭菌生理盐水一倍稀释，然后注入管内，然后冲入1~2ml的灭菌生

理盐水。根据需要，每12h重复一次。密切监控是否有中毒症状，如果需要，降低布比卡因的剂量。注射管可以保留达5d，要仔细清洁；拔掉时很少需要镇定。

2.9 硬膜外阻断　硬膜外麻醉是兽医常用的麻醉技术，它将局麻药注入硬膜外腔，阻滞脊神经根，暂时使其支配区域产生麻痹，称为硬膜外间隙阻滞麻醉，简称为硬膜外阻滞或硬膜外麻醉。由于硬膜外麻醉能分别阻滞感觉和运动神经，所以它不仅能提供出色的镇痛效果，还能达到良好的肌肉松弛效果，并减少术后全身镇痛药的使用。在实际临床操作中，猫的硬膜外麻醉比犬的操作难度大，肥胖犬猫比身材适中的犬猫操作难度大。根据动物的体型或者体重，需要准备不同型号的脊髓穿刺针。

适应证和禁忌征：理论上讲，硬膜外阻滞可以用除头部以外的任何手术。但从安全角度考虑，硬膜外阻滞主要用于横膈膜到尾部的手术，包括肛门和会阴部的手术，如会阴疝、肛门腺手术、尿道造口术等，后肢手术，如骨折、截肢手术等，以及剖宫产。一旦动物发生严重全身感染或穿刺部位有炎症或感染时，穿刺可能将致病菌带入硬膜外腔；脊柱损伤或者严重变形时，椎外伤极易造成硬膜受损，硬膜外注入药后大量药物进入蛛网膜下腔，造成全脊麻；脊柱畸形使穿刺针进入椎管困难。除此之外，硬膜外麻醉的禁忌证还包括严重脱水，血容量不足，休克等，都要避免硬膜外麻醉。全身影响很小，会发生心搏过缓。监控手术后是否有尿潴留，根据需要按压膀胱或插管。

麻醉操作技巧：动物镇静或麻醉，俯卧或侧卧保定，俯卧有利于进行悬滴法，侧卧可用于骨折动物。触摸两侧髂骨翼顶点，其连线在L7上方，该线头侧为L7棘突，其尾侧可触到一凹陷，对应的腰荐结合部。腰荐结合部上方

10cm×10cm范围备毛，进行外科准备。在腰荐结合部形成凹陷顶端垂直于皮肤方向进针。如果使用的为套管式的穿刺针，一定要确保针芯在套管内，以避免皮肤移入硬膜外腔。常用的方法是悬滴法和无阻力法；无阻力法常得到临床上的广泛应用，动物可俯卧或侧卧保定，需要单独准备一支装有3ml生理盐水的（其他首选空气）的注射器，如果针头在硬膜外腔，注射空气、盐水或麻醉剂时遇到的阻力会极小，根据注射空气或生理盐水的阻力判断穿刺针头是否位于硬膜外腔，也可在装有生理盐水或药物的注射器后端留有1ml气体，观察到注射器内的小气泡在注射时不被压缩可进一步确定没有注射阻力。然后用装有麻醉剂的注射器换下装有盐水的注射器，准备将麻醉剂注入硬膜外腔。

确定针尖处于正确位置后方可注射药物。首先，针尖穿透黄韧带时有落空感；其次，针尖进入硬膜外腔或注射药液时有时会刺激马尾神经，引起轻打尾（尾部肌肉震颤）；再者，为了避免误将药物注入椎体静脉丛或蛛网膜下腔，回抽一下，停留几秒，确定无血液或CSF流出时再注射，而且在整个推液体的过程中无阻力。缓慢注入接近体温的药物，推注时间在30~60s，注射后拔出针头，并将手术部位置于倒侧卧，以利于麻醉剂因重力作用向相应的脊神经根方向扩散。

麻醉药物：常用的药物包括局部麻醉药物阿片类药物、血管收缩药、碳酸氢钠等，最为常用的是局部麻醉药，主要为2%氯普鲁卡因、1.5%~2%利多卡因、0.5%~0.75%布比卡因或左布比卡因、1.5%~2%甲哌卡因和0.5%~1%罗哌卡因。布比卡因和罗哌卡因广泛用于外科手术中，两者在急性疼痛如外伤时的连续硬膜外阻滞有重要的使用意义。布比卡因和罗哌卡因一般能提供2~4h适度镇痛（图6）。

3 小结

正确使用，局部麻醉技术时相对安全。且相关并发症概率非常低。有报道称布比卡因的中毒剂量会引起人的心血管毒性，并致死，但这也非常罕见。尽管这些并发症在宠物不常见，操作者仍然需要确保采用正确计量，选择合适大小和长度的针头，确认正确的位置，刺入和将针头前推时要轻柔，以免引起不必要的软组织损伤，在注射药物前要抽吸。只有经过长时间和正确的训练才能灵活掌握神经阻断的技巧。该方法会明显提高对动物的看护质量，并且是疼痛管理程序中非常重要的补充。

手术部位的继发性疼痛、阈值降低会引起组织损伤，因此需要围手术期疼痛管理。由于损伤的硬组织和软组织在术后存在进行性炎症反应，术前和术中给的镇痛剂经常不足，因此产生的炎性介质释放能使外周和中枢感受性增强。为预防疼痛感觉过敏，操作者应该考虑多种疼痛管理方法。

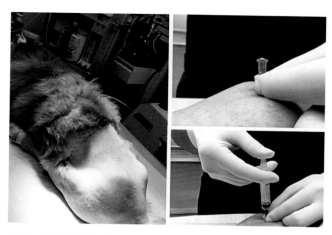

图6 齿神经阻断示意图

参考文献

Beckman BW. Pathophysiology and management of surgical and chronic oral pain in dogs and cats. J Vet Dent. 2006;23:50-59.

Duke T. Dental anaesthesia and special care of the dental patient. In: BSAVA Manual of Small Animal Dentistry. 2nd ed. BSAVA. Cheltenham, UK. 1995;27-34.

Haws IJ. Local dental anesthesia. In: Proceedings, 13th Annual Veterinary Dental Forum. October 1999.

Holmstrom SE, Frost P, Eisner ER. Veterinary Dental Techniques. Philadelphia, Pa. Saunders. 1998;492-493.

Kaurich MJ, Otomo-Corgel J, Nagy FJ. Comparison of postoperative bupivacaine with lidocaine on pain and analgesic use following periodontal surgery. J West Soc Periodontal Abstr. 1997;45:5-8.

Klima L, Hansen D, Goldstein G. University of Minnesota Veterinary Medical Center. Unpublished data. 2007.

Lantz G. Regional anesthesia for dentistry and oral surgery. J Vet Dent. 2003;20:81-86.

Lemke KA, Dawson SD. Local and regional anesthesia. Vet Clin North Am Small Anim Pract. 2000;30:839-842.

Pogrel MA, Thamby S. Permanent nerve involvement resulting from inferior alveolar nerve blocks. JADA. 2000;131:901-907.

Robinson E. University of Minnesota College of Veterinary Medicine. Personal communication, 2002.

Robinson P. Pain management for dentistry and oral surgery: Pain management symposium. In: Proceedings, AAHA Conference. March 2002.

Rochette J. Local anesthetic nerve blocks and oral analgesia. In: Proceedings, 26th WSAVA Congress. 2001.

Ruess-Larmky H. Adrministering dental nerve blocks. JAAHA. 2007;43:298-305.

Younessi OJ, Punnia-Moorth A. Cardiovascular effects of bupivacaine and the role of this agent in preemptive dental analgesia. Anesth Prog. 1999;46:56-62.

幼猫传染性腹膜炎的诊断

程宇*

和美宠物医院，重庆，401147

摘要： 猫传染性腹膜炎是临床常见病毒性传染性疾病，常感染3~6月龄幼猫。主要临床症状为腹水。临床上诊断该病主要根据发病年龄及临床症状做出。但是确诊需要做ELISA或其他临床化验。本文介绍了应用B超，细胞学检查，以及PCR检查等综合措施确诊猫传染性腹膜炎。

Abstract: Feline infectious peritonitis is caused by FIP virus and usually affect young cat of 3 to 6 month of age. The diagnosis of this disease is mostly based on the clinical sign of ascitis and age. The author here discussed the use of combined cytology, ultrasonic examinations and PCR, which makes the diagnosis more accurate and definitive.

Keyword: Feline Infectious Peritonitis, PCR, Ultrasound

1 病例情况

俄罗斯蓝猫，3月龄，雄性，体重1.5kg，主人是在1个月前购买的该猫。主人不知道该猫的疫苗注射情况，认为繁殖者已经注射过所有疫苗。该主人曾经养犬，该犬感染细小病毒并在1个月前死亡。最近主人发现该猫逐渐消瘦，但肚子逐渐增大（图1）。食欲还算正常，但最近开始下降。3d前该猫开始呕吐，每天呕吐3次，呕吐物是黄色的液体。主人还没有用过任何药物来治疗。

2 检查

2.1 临床检查 腹部增大，有波动感，口腔的黏膜发白。呼吸：20 次/min，心率160 次/min，体温39.8℃。

2.2 血常规检查 WBC 16.1×10^9个/L（参考标准$5.5 \sim 19.5 \times 10^9$个/L），RBC 3.85×10^{12}个/L（参考标准$4.6 \sim 10.0 \times 10^{12}$个/L）

2.3 生化检查 总蛋白56.7 g/L（参考60 ~ 80 g/L）

2.4 快速诊断 犬细小病毒快速试纸板检查（阴性），猫传染性腹膜炎快速试纸板检查（阴性）。

3 超声检查

对该猫腹部剃毛，用迈瑞M7便携式彩色超声仪连接，链接L14-6s线阵探头，使用频率为10 MHz对该猫腹部进行检查，在腹腔里发现无回声的液体，腹腔器官漂浮于游离的液体中，肠管和胃壁的分层结构清晰，左、右肾的皮质和髓质清晰可见，肾边缘光滑，左肾的肾盂轻度扩张（图2至图6）。

4 细胞学检查和样本送检

在超声介导下细针抽吸采腹腔液体，液体为黄色透明的液体，通过Diff-quick 染色后在油镜下发现中性粒细胞、巨噬细胞和淋巴细胞（图7至图9）

通讯作者

程宇　重庆和美宠物医院。联系方式：chengyu751108@163.com。

Corresponding author , Louise Cheng : Hemei Pet Hospital, face book : Louise cheng. E-mail : chengyu751108@163.com.

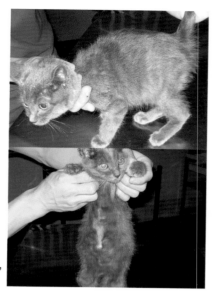

图1 就诊俄罗斯蓝猫，腹围明显增大

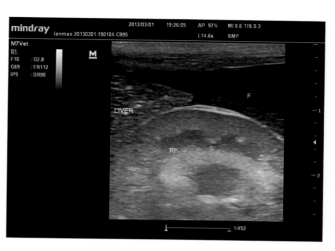

图2 采用迈瑞L14-6s线阵探头，10 MHz条件下对该猫腹部检查，图显示为右肾（RK）和肝右叶（LIVER），F为腹腔自由液体

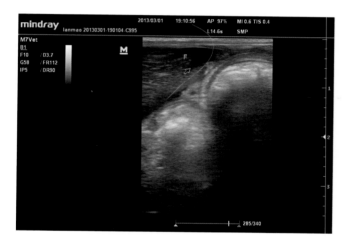

图3 采用迈瑞L14-6s线阵探头，10 MHz条件下对该猫腹部检查，F为自由液体

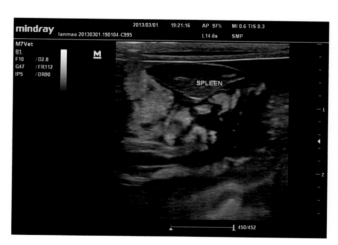

图4 采用迈瑞L14-6s线阵探头，10 MHz条件下对该猫腹部检查，图显示为脾脏（SPLEEN），有肠系膜漂浮于腹水中

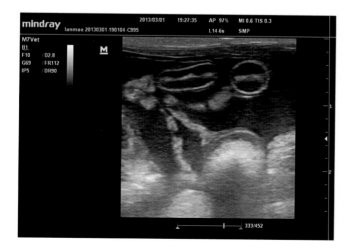

图5 采用迈瑞L14-6s线阵探头，10 MHz条件下进行腹部检查，显示肠管和肠系膜漂浮于腹水中

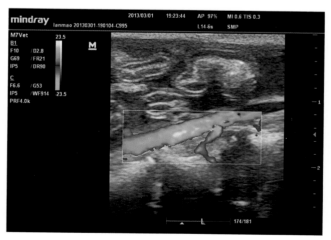

图6 采用迈瑞L14-6s线阵探头，10 MHz条件下腹部检查，显示肠管肠系膜漂浮于腹水中，用彩色多普勒对腹腔血管检查，图中红色的代表主动脉（血流流向探头）

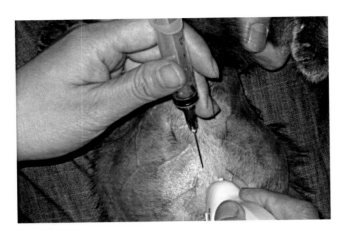

图7　超声介导下对腹水细针穿刺

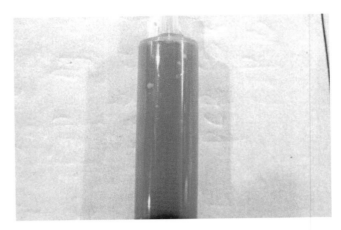

图8　在超声介导下腹腔穿刺抽出的腹水

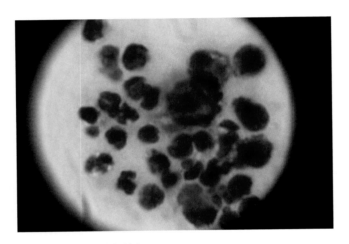

图9　对腹水进行染色检查

高频超声进行诊断，因为如果在早期液体较少的时候，触诊不会有明显的波动感，超声能在体腔只有少量液体时发现液体，敏感度高。有人医对触诊检查腹水做了研究，发现触诊的敏感率只能为50%～94%，特异性是29%～82%[4]。因此，如果怀疑有腹腔液体时，可以用超声定期检查和监控；确实有液体，建议在超声下细针穿刺采样，对样本进行检查，鉴别诊断渗出液、漏出液和良性渗出液。同时可以用液体鉴别诊断细菌性腹膜炎和传染性腹膜炎，及早进行相应的治疗，拯救动物生命。

　　本病例患猫的临床表现高度怀疑为传染性腹膜炎，但是用传染性腹膜炎快速试纸检查为阴性，而送往德国实验室诊断为传染性腹膜炎，因此传染性腹膜炎的最佳诊断还是采样做病理检查或PCR。

5　诊断和治疗结果

　　该样本送达德国的实验室，通过PCR诊断为传染性腹膜炎。经过2周治疗，该猫死亡。

6　讨论

　　猫传染性腹膜炎（feline infectious peritonitis，FIP）是由猫冠状病毒（FCoV）引发是一种免疫介导性疾病[1]，该疾病的临床症状为发热、腹水，对抗生治疗没有反应和死亡率高[2]。

　　对该疾病的确诊很有挑战性，著名猫科专家Katrin Hartmann对1979—2000年通过组织病理学确诊为传染性腹膜炎的488只猫的病例和620只怀疑为传染性腹膜炎的猫病例来比较临床上目前能用的几种诊断方法，结果发现如果猫出现体腔渗出液，采集体腔渗出液做PCR，这种方法确诊的准确率很高[3]，该方法采样操作简单，方便临床医生使用。当怀疑患猫体腔有液体时，最好能用

参考文献

[1] L.G. WolfeandR.A. Griesemer, Feline Infectious Pertionitis,, Pathologia Veterinaria Online, 1966 - vet.sagepub.com

[2] SE Andrew –Feline Infectious Peritonitis, The Veterinary clinics of North America. Small animal practice, The Veterinary Clinics of North America. Small Animal Practice [2000, 30(5):987-1000]

[3] Katrin Hartmann[1],*, Christina Binder[2], Comparison of Different Tests to Diagnose Feline Infectious Peritonitis, Journal of Veterinary Internal Medicine, Volume 17, Issue 6, pages 781–790,November 2003,

[4] Edward L. Cattau Jr, MD; Stanley B. Benjamin, MD; Thomas E. Knuff, MD; Donald O. Castell, MD,The Accuracy of the Physical Examination in the Diagnosis of Suspected Ascites,,the Journal of the American medical Association, February 2003, Vol 123, No. 2, 1982;247(8):1164-1166. doi:10.1001/jama.1982.03320330060027.

犬猫视网膜脱离的临床诊断及治疗技术

金艺鹏* 傅雪莲 黄欣 白鹤 乔雁超 刘光超 徐虹倩 王静

中国农业大学动物医学院，北京，100193

摘要： 视网膜脱离（retinal detachment，RD）是指视网膜感觉神经层与视网膜色素上皮（retinal pigment epithelium，RPE）相互分离。视网膜是动物眼睛成像的基本单位，视网膜脱离后可影响动物的视力，双眼的视网膜脱离的临床表现为动物急性视力下降或失明。全身性疾病或眼科疾病都可能导致视网膜脱落，因此需要进行仔细的检查来确定病因。视网膜脱离大多数情况下不能自愈，需要进行手术治疗。本文就视网膜脱离的发病原因、治疗等方面进行综述。

关键词： 视网膜，视网膜脱离，鉴别诊断

Abstract: Retinal Detachment is one of the most common clinical manifestations of small animal ophthalmological conditions in small animal practices. It can be caused by the ophthalmological disorders or systemic disorders. Definitive diagnosis is based on a thorough physical examination and ophthalmological examination. Surgeries is usually needed to repair the lesions.

Keyword： retinal detachment, small animals, differential diagnosis

1 视网膜解剖及生理简介

　　视网膜是一层神经膜，位于眼球壁内层，可简单分为三级神经元结构：感光细胞、双极神经元与多级神经元。然而这是简化的结构，视网膜可细分为十层，每一层都具有独特的生理功能。这十层结构，从外（脉络膜侧）到内（玻璃体侧）依次为色素上皮层、感光细胞层、外膜、外核层、外网状层、内核层、内网状层、神经节细胞层、视神经纤维层、内膜（图1）。第二层到第十层具有特定的不同的功能，但它们协同完成神经信号的处理，形成视觉，因此统称为视网膜神经上皮层或感觉神经层。感觉神经层与REP来自两个不同的胚胎层，这也是发生视网膜脱离时脱离的部位在感觉神经层与REP之间的一个原因。

　　色素上皮层功能正常是视网膜完整性和功能发挥的基础。色素上皮层有两个主要功能，其一是作为感光细

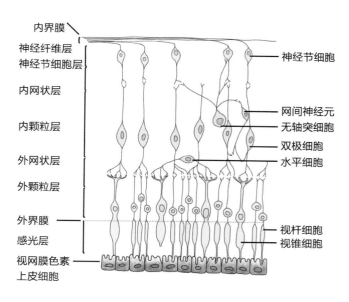

图1　犬视网膜结构示意图

内界膜
神经纤维层
神经节细胞层
内网状层
内颗粒层
外网状层
外颗粒层
外界膜
感光层
视网膜色素上皮细胞

神经节细胞
网间神经元
无轴突细胞
双极细胞
水平细胞
视杆细胞
视锥细胞

通讯作者

金艺鹏　中国农业大学博士、副教授。联系方式：yipengjin@vip.sina.com。

Corresponding author, Yipeng Jin: College of Veterinary Medicine China Agricultural University.E-mail: yipengjin@vip.sina.com.

胞与脉络膜血液供应的代谢交界面，供应代谢物，并清除外层视网膜的代谢废物；其二是回收感光细胞利用过的色素。另外，在视网膜存在炎症反应时，RPE也具有一定的吞噬作用。

视网膜耗氧量很高，是体内新陈代谢最活跃的组织，因此大多数物种的视网膜有双重血液供应。脉络膜提供外层视网膜（即感光细胞）的血液供应，而内侧和中层的视网膜的血液由视网膜内部的血管来提供，这些血管可通过眼底镜的检查在视网膜表面观察到。视网膜或脉络膜的血液终端可迅速导致缺血，严重的可造成不可逆的功能丧失。造成视网膜血液供应中断的其中一个原因就是RPE从脉络膜脱离。

2 视网膜脱离简介

2.1 定义[2, 3] 视网膜脱离指的是视网膜从底层的脉络膜脱离，更准确地说，通常发生在视网膜感光细胞与色素上皮层之间。这是因为RPE和感光神经元是来自两个不同胚层，它们之间存在潜在的空间。一旦感光细胞和色素上皮细胞之间的紧密连接遭到破坏，来源于脉络膜的代谢物供应也停止了，新陈代谢产生的代谢废物排除路径切断，代谢废物蓄积。而视网膜的代谢率高，因此在视网膜脱离后不久便可能发生严重的和不可逆的病理变化[4, 5]。

2.2 病因及分类 视网膜脱离的原因包括纤维素性玻璃体视网膜粘连、创伤，先天性疾病（如CEA，视网膜发育不良），晶体术后并发症，眼内或言外的占位性病变（如肿瘤），系统性疾病［全身性高血压、严重的全身性感染性疾病、葡萄膜皮肤综合征（uveodermatological syndrome）］。根据诱因可将视网膜脱离大致分为以下几类[1]：

先天性视网膜脱离：包括视网膜发育不良，柯利犬眼睛异常（CEA）和多种先天性畸形。

浆液性视网膜脱离：视网膜积液迫使视网膜脱离。基于导致分离液体的类型可见两种类型的浆液性分离分为两种，一种渗出性分离是由于病毒引起的传染性疾病（如犬瘟热，猫传染性腹膜炎），真菌（芽生菌病）或原生动物的（利什曼原虫）疾病；另一种为出血性分离，潜在原因可以是系统性高血压，血管疾病，凝血障碍，血小板减少，贫血和血液黏度，或创伤。

牵引性视网膜脱离：在葡萄膜炎中，疤痕组织的收缩或玻璃体上纤维蛋白对RPE牵拽。玻璃体前脱位就可能牵拽RPE。

孔源性视网膜脱离[6]：玻璃体液化是人类视网膜脱离

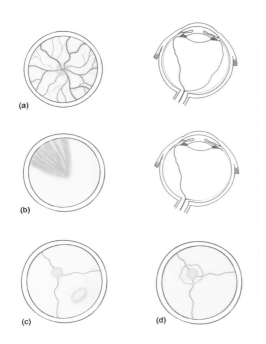

图2 视网膜部分脱离与完全脱离示意图
（a）视网膜完全脱离从瞳孔可见 **（b）**视网膜不完全脱离 **（c）**视网膜发育不良引起的部分脱离 **（d）**视神经缺损引起的部分脱离

的发病最常见的原因之一。孔源性视网膜脱离，视网膜上出现小的裂隙，引起了视网膜剥离，液化的玻璃体进入并积聚在撕裂的视网膜下层；在人医，孔源性视网膜的治疗包括保守治疗、激光标定术、激素疗法、气体填充固定、巩膜扣带术及玻璃体切除术。通过现代外科技术，原发性的视网膜脱离的85%～90%得以恢复，而玻璃体切除术是使用最广泛的手术技术。玻璃体视网膜增生是导致治疗失败的最常见的原因。这种类型的脱离在老年患者中更为常见。但玻璃体液化在老龄动物自发的视网膜脱离的作用和地位尚不清楚。

医源性视网膜脱离：白内障摘除术后可能发生视网膜脱离。人们认为，视网膜睫缘的撕裂是术后视网膜脱离的主要原因[2]。

尽管视网膜脱离时涉及微创、血管异常和高血压[7]，但其发生的机制尚不十分明确。一旦结构的完整性遭到破坏，受影响区域的感光细胞便会迅速退化。因此，即使是视网膜复位的治疗非常成功，也不能保证视力的完全恢复。

视网膜脱离根据脱离的程度和范围可分为部分脱离和完全脱离[2]（图2）。

2.3 症状 视网膜脱离的症状主要包括一下几个方面[1]：

急性视力丧失：之前提到，完全脱离的病例会失明。部分脱离通常是无害的，这是因为对患病动物视力的影响主人往往注意不到。

瞳孔对光反应消失。然而，如果一只眼受影响，该患眼可表现出一定程度的间接瞳缩反应。

有大片的浮动的薄片结构：可以不用检眼镜便观察到晶体后面的结构，薄片结构因其后空腔内充斥的液体类型而表现为透明的、白色或血色，视网膜血管清晰可见。

如果眼睛的后部由于前房出血等不可见的话，可进行超声检查：视网膜脱离的典型表现为"海鸥"状——脱离的视网膜在视神经乳头和视网膜睫缘的部位固定在眼睛后壁（图3）。

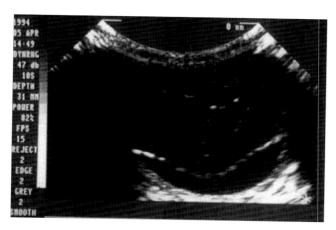

图2 一只6岁患有葡萄膜炎的萨摩耶犬视网膜脱离的超声检查图像。表现为典型的"海鸥"状，说明视网膜除了视神经乳头和视网膜睫缘附着外，其他部分均已脱离（引自Slatter'S，2009）

若视网膜脱离程度较大，动物可能出现单眼或双眼失明。如果只是单眼的局灶性脱离则可能临床症状不明显。患眼瞳孔散大，对光瞳缩反射微弱或消失，患病动物可能存在双侧散瞳的症状。如果为单侧脱离，健康一侧的眼睛对光会出现缩瞳反射，因此患眼可能存在间接瞳缩反射，但直接瞳缩反射消失。

大多数眼均无疼痛或发红的表现，部分可能出现青光眼——可通过眼底检查确诊。动物主人可能会认为动物失明是因为青光眼，而不相信可能还患有视网膜脱离。若不伴发其他整体，视网膜脱离的患眼可表现为透明；若为孔源性脱离，可见晶体后灰色的浮动物。此时肉眼即可见，并不需要特殊的眼科检查仪器。如果晶体后视网膜从其后侧的附着点边缘撕脱，那么撕脱的视网膜就会向前移位，遮挡视盘，从而视盘变得模糊不清；明毯暴露，反射增强。

少数严重的病例需要进行检眼镜检查。检眼镜检查

可以明确脱离的视网膜的范围及反射下降。这是由于视网膜和明毯间积液导致视网膜水肿而造成的。随着视网膜脱离的发展，由于附着的血管和拉伸或撕裂，血管周围可出现渗出液，表现为套管现象[3]。

如果患病动物表现为单眼失明及视网膜完全脱离，需要仔细检查评估其他早期的症状，如CEA、视网膜发育不良、脉络膜视网膜炎等。

3 视网膜脱离的临床检查

针对视网膜脱离的病例，需要进行系统而全面的检查。眼科检查是必不可少的。眼底可通过直接检眼镜或间接检眼镜观察到。使用双筒的间接检眼镜可获得眼底的三维图像，可清楚地看到视网膜脱离。

高血压导致的视网膜脱离在出现之前可能出现其他一些症状。视网膜血管扭曲或收缩扩张像香肠。在出现大范围渗出脱离前可能观察到视网膜小范围出血或渗血。

出现单侧视网膜脱离时，可通过另一只眼睛的检查来获得更多的有效信息。通常这种情况发生着疾病的早期阶段，如高血压等进行性疾病中。可能是另一只眼睛的症状是多个眼部特征之一，可导致视网膜剥离，如视网膜发育不良或CEA。眼睛在受到明显影响之前，可能出现视网膜皱褶或多病灶发育不良，后者可能会有缺损或视网膜脉络膜发育不良。

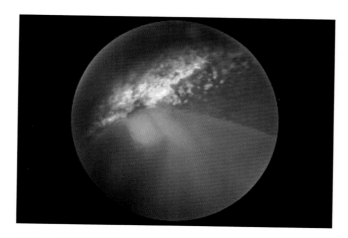

图4 一只6岁泰迪犬视网膜脱落的眼底图像

高血压导致的视网膜脱离在出现之前可能出现其他一些症状。视网膜血管扭曲或收缩扩张像香肠。在出现大范围渗出脱离前可能观察到视网膜小范围出血或渗血。

高血压是诱因之一，因此血压的间接测量是完整的诊断工作必不可少的一个部分。同时需要注意犬种不同，血压的正常范围也会存在一些差异，而猫较易发生高血压。动物出现高血压应该排查肾及心疾病；对于猫还需要检查甲状腺机能。

浆液性视网膜脱离的明确诊断是建立在一系列的检查之上的。血液学检查和血液生化检查都必不可少，因为这些检查可以反映出是否存在炎症反应或超高黏度综合征。可能存在肾脏或肝脏疾病，需要考虑做尿液分析。若怀疑脉络膜视网膜炎，可进行各种针对潜在病因的特殊血清学检查来排查。

若存在白内障等情况而无法直接观察到眼底，可进行眼超声检查来检测视网膜脱离。若存在超高黏度综合征或高血压，推荐常规腹部超声或心脏超声，初步调查结果是否存在心脏病或肾上腺疾病，或检查是否存在肿瘤。然而，在一些病例中，即使做了一系列的检查，也无法查出潜在的病因。

而孔源性视网膜脱离的检查相对而言会简单很多，因为它不是一个系统性疾病，只是一个单纯的眼科疾病。白内障病史、进行过晶体脱位手术或晶体退化等会有大面积视网膜撕裂出现。

4　流行病学[3]

CEA、缺损和视网膜发育不良等先天性异常通常可遗传，由于视网膜附着异常，幼犬在几周龄的时候便可出现失明，或在几月龄的时候突然失明。高危品种幼犬应该在6~8周龄时由眼科医生进行眼科检查。即使是轻微的受影响的动物也不可用于繁殖。

多数视网膜脱离的病例多存在一个潜在的系统性异常，如高血压，超高黏度综合征等，因此视网膜脱离的诱因多与这些病因有关。一些激素反应性视网膜脱离的病例是特异性的。激素反应性视网膜脱离的症状易发于青年德国牧羊犬，表现为健康犬只突然双侧性大面积脱离。该机制尚不明确，但学者们倾向于免疫介导。孔源性视网膜脱离更易发于西施犬、惠比特犬及格力犬，在这些犬种，在出现边缘性的视网膜撕裂和突然的完全脱落钱，可能会先出现原发性玻璃体退化或液化。通常是一只眼先发生。导致玻璃体液化的原因尚无定论，但由于多发与上述犬种，因此倾向于遗传相关的因素。孔源性视网膜脱离还可见于存在晶体脱位和过熟性白内障等患犬[8]。

5　鉴别诊断

视网膜脱离可通过眼科检查确认。但视网膜脱离的

治疗需要建立在鉴别诊断的基础之上。针对不同诱因引起的视网膜脱离的治疗方案存在差异。因此，在治疗之前，应做鉴别诊断，确定原发病因。不同类型的视网膜脱离的特征（表1）。

表1　视网膜脱离的鉴别诊断

视网膜脱离的发病机制	
渗出性脱离	- 感染或者渗出液侵入视神经和RPE
裂孔性脱离	- 视网膜撕裂引起脱离
牵引性脱离	- 玻璃体索牵引的神经移位
视网膜脱离鉴别诊断	
渗出性脱离	- 葡萄膜炎　高血压
裂孔性脱离	- 创伤　过熟性白内障视网膜脱离
牵引性脱离	- 创伤　炎症后遗症

视网膜脱离的鉴别诊断主要包括：

1. 先天性疾病——CEA，和视网膜发育不良。
2. 高血压性视网膜病变。
3. 伴有渗出液感染的脉络膜视网膜炎。
4. 超高黏度综合征。
5. 晶体退化或液化。
6. 过熟性白内障。
7. 术后——白内障和晶体脱出。
8. 特发性或激素反应性视网膜脱落。

6　视网膜脱离的治疗

视网膜脱离的治疗可分为保守治疗和手术治疗。兽医方面并没有开展很多视网膜复位的手术，即使在国外也一样[3]。

6.1 保守治疗[2]　对于完全性的孔源性视网膜脱离并没有特异性治疗，动物会处于失明状态。但是，对于浆液性视网膜脱离可进行适当的治疗。治疗的第一步便是治疗潜在的病因。脱离的治疗包括对症和对因。

针对继发于高血压的视网膜脱离，若无肾或肾上腺机能亢进等疾病的话，可使用钙通道抑制剂如氨氯地平来治疗高血压。血压正常之后视网膜是否能自发性复位很难评估。

犬VKH综合征相关的炎症反应可使液体积聚与视网膜下腔，导致视网膜脱离，常见的品种有秋田犬、西伯利亚雪橇犬、松狮、金毛寻回犬、萨摩耶犬、爱尔兰犬、喜乐蒂牧羊犬、圣伯纳犬、英国古代牧羊犬和澳大利亚牧羊犬。主要症状包括突然失明，大范围的视网膜分离并继

发青光眼。在这种情况下，应积极进行抗炎治疗，给与全身性的泼尼松龙在1.5mg/kg或/与硫唑嘌呤合用。后者初始计量2mg/kg，之后减少到0.5mg/kg。泼尼松龙需要需要48h起效，而硫唑嘌呤相对需要更长时间才能见效。

如果是传染病但并不一定传染人的话，需要给予适当的抗生素。犬Neosporum或Crypotococcus球菌所致的全身性感染伴发视网膜或脉络膜炎的真菌性疾病可导致视网膜脱离，诊断可通过血清抗原检测或在玻璃体抽吸（vitreal tap）进行视诊。可选用伊曲康唑治疗进行抗真菌治疗。

无明显诱因的视网膜脱离可能是孔源性或非孔源性的[10]，而这两者的治疗存在着一些差异。孔源性视网膜的最佳治疗方案是手术治疗。第一，将视网膜与虹膜进行扣带缝合，虹膜的轮廓可此而出现一些改变；第二，视网膜复位还可通过冷冻手术、透热或经瞳孔凝固等技术形成脉络膜伤疤来完成；第三，经虹膜排出视网膜下腔内积聚的液体。

部分脱离通常可能恢复复位，但大多数大面积脱离的复位的可能性很差。如果病患症状得到缓解，激素的量需要逐渐减量，但是每2d 1次的低剂量维持需要数月。有全身利尿剂治疗的报道，但并没有表现出明显的作用。

6.2 手术治疗[10-13]

1919年，Gonin发现牵引作用与视网膜撕裂之间的关系在孔源性视网膜脱离的发病机制中的重要性以来，视网膜脱离迎来了外科治疗的时代。从此，多种治疗方案包括巩膜扣带术（scleral buckling，SB）、玻璃体切除术（pars plana vitrectomy，PPV）和气性视网膜固定术逐渐发展起来。这些方法都是有效的治疗方案，但是在手术前需要仔细地考虑晶体和玻璃体的状态、是否出现并发症，如脉络膜分离、增生性玻璃体视网膜炎、多个撕裂位、张力等，来确定对晶体等最佳的治疗方案。数据表明，无晶体相关并发症的病例，PPV和（SB）都是可靠的选择，若存在白内障，SB可能会适合一些。而对于涉及人工晶体的视网膜脱离，PPV的成功率会比SB更大一些。另外，复杂的视网膜脱离，PPV的术后结果更好一些。

过多的纤维蛋白牵引导致视网膜脱离的眼睛，可以眼内注射组织纤溶酶原激活物来进行治疗。

白内障摘除后的部分视网膜脱离，可以用激光沿着视网膜脱离的边缘进行复位，可成功地避免发展成完全的脱离。类似的治疗可用于预防原发性视网膜脱离的发展的。

伴发晶体前移位及过熟性白内障的视网膜脱离，可通过经巩膜激光视网膜复位术降低手术风险。

7 预后[14]

视网膜脱离的预后是不良的。视网膜复位术后，视力

能否恢复尚无定论。目前兽医临床来看，孔源性及牵引性视网膜脱离的治疗并没有太好的办法，可能会导致永久性失明。对于存在先天性视网膜疾病的病患，视网膜脱离和失明并不是非常疼痛的状况，也不影响动物的寿命。若成功治疗原发疾病，动物主人给予更多的关心和护理，失明动物的生活质量依然能够得到保障。

一旦潜在的系统性疾病得到治疗，大泡状脱离可复位。但是，复位后的区域可能并不能恢复其功能，通常发展为退化，反射增强，色素异常。同样的，急性脱离病例可恢复一定程度的视力，但由于脱离的部位受到一定程度的损伤，视力会逐渐退化。

参考文献

[1] Douglas H. Slatter. Slatter'S Fundamentals of Veterinary Ophthalmology, Edition 4.2009.

[2] David L. Williams. Veterinary ocular emergencies. 2002.

[3] Simon P J. Sheila Crispin. Small Animal Ophthalmology. 2002.

[4] Roos M W. Theoretical estimation of retinal oxygenation during retinal detachment. Computers in Biology and Medicine, 2007, 37(6):890-896.

[5] Kubay O V, Charteris D G, Newland H S, et al. Retinal Detachment Neuropathology and Potential Strategies for Neuroprotection. Survey of Ophthalmology, 2005, 50(5):463-475.

[6] Wong S C, Ramkissoon Y D, Charteris D G. Rhegmatogenous Retinal Detachment//DARTT D A. Encyclopedia of the Eye. Oxford: Academic Press, 2010:129-138.

[7] Frans C S, Milton W. Michael H B, et al,. Ophthalmology for the Veterinary Practitioner. Edition 2. 2007.

[8] Miyadera K, Acland G M, Aguirre G D. Genetic and phenotypic variations of inherited retinal diseases in dogs: the power of within- and across-breed studies. Mammalian Genome, 2012,23(1-2):40-61.

[9] Alex Gough. Differential Diagnosis In Small Animal Medicine.2007.

[10] Shah A R, Abbey A M, Williams G A. Evolving Surgical Management of Rhegmatogenous Retinal Detachments. Current Surgery Reports, 2015, 3 (3).

[11] Steele K A, Sisler S, Gerding P A. Outcome of retinal reattachment surgery in dogs: a retrospective study of 145 cases. Veterinary Ophthalmology, 2012, 15:35-40.

[12] Walker C B. Surgical Treatment of Separated Retina by the Galvanic Method. American Journal of Ophthalmology, 1936, 19(7):558-570.

[13] Vainisi,et al,. Veterinary Ophthalmology. 2004.

[14] Richard R. D, Kerry K, Gillian J M, et al,. Veterinary Ocular Pathology, a Comparativ Review. 2010.

小动物牙周病

金艺鹏* 乔雁超 徐虹倩 刘光超 林德贵

中国农业大学动物医学院，北京，100193

Abstract: Periodontal disease in small animal practices is the single most important disorder that may threaten the health of the patient. The presenting signs of the disease can be gingivitis and periodontitis depending on the stage of the development. Early diagnosis and proper treatment is essential to prevent the disease from developing into more devastating form and causes further damage to local tissues of the periodontal structures.

Keyword: Gingivitis, periodontal disease, small animal

1 疾病简介

牙周病（periodontal disease）是小动物疾病中威胁健康的问题。牙周病的形式有所不同，通常分为牙龈炎（gingivitis）和牙周炎（periodontitis）两个阶段。牙龈炎是牙龈发生炎性反应的初期，该阶段是易于治疗恢复的。如果牙龈炎没有得到及时控制，致使牙周深层的支持组织发生炎性反应，就会导致牙周炎。牙周深层组织的炎性反应可能会引发组织的破坏、牙龈萎缩、牙周袋的形成甚或牙槽骨的溶解。早期的牙龈炎可以通过药物控制和家庭护理痊愈，轻度或中度的牙周袋形成可以通过超声洁牙术去除牙菌斑和牙结石后搔刮牙龈得到修复，但如果放任疾病发展，一旦损伤牙槽骨则难以修复。

2 病因

牙周病的最初发生是由于口腔细菌在牙齿表面黏附而形成的菌斑（plaque）。牙菌斑是一种生物膜，基质为唾液糖蛋白及胞外多糖，基质上附着了几乎整个口腔的细菌，这种"聚合"的细菌不同于其他细菌，它们对普通抗生素的耐药性高于正常细菌的1000到1500倍。大量的牙菌斑在唾液的矿化作用下形成牙结石。

形成于牙齿表面的牙菌斑称为龈上菌斑，而随着菌斑的发展深入到游离龈下，深入齿龈沟（牙龈和牙齿或牙槽骨之间的位置）中，形成龈下菌斑。龈下菌斑中的细菌会分泌毒素（细胞毒素和细菌内毒素）及代谢产物，导致牙龈和牙周组织产生炎性反应，产生牙龈炎。最终这种炎性反应会导致牙周炎，损伤牙周组织和牙齿之间的连接。同时，细菌的代谢产物会引起动物自身的免疫应答。由于血管通透性增加，炎性介质会从牙周软组织进入到牙周间隙中，大量的白细胞聚集，通过吞噬和酶消化反应"杀灭"细菌，同时也损伤自身组织，使炎性反应加剧。事实上，牙周病的进程取决于感染的细菌和宿主本身的免疫系统，并且大部分牙周组织的损伤是由于自身免疫反应导致的。同时会引起破骨细胞的移行并激活破骨细胞，导致牙槽骨的破坏。没有了牙周组织的支持，牙体发生松动，最终脱落。

3 临床症状

牙周病的初期是牙龈炎，此时会发现牙龈发红，有时伴随牙龈肿胀。动物在咀嚼食物或是主人在帮助刷牙时会有牙龈出血的现象。动物口臭明显。牙齿表面可能会形成牙菌斑或牙结石，但是应当注意牙冠表面的牙结

通讯作者
金艺鹏 中国农业大学博士、副教授。联系方式：yipengjin@vip.sina.com。
Corresponding author, Yipeng Jin, at: College of Veterinary Medicine China Agricultural University. E-mail: yipengjin@vip.sina.com.

石本身并没有接触齿龈，所以是不致病的。因此在评估动物是否需要专业治疗时，应当评估牙龈的炎症程度而非牙结石的程度。

但是由于牙龈的炎症有时并不表现出明显的症状，

形成于牙齿表面的牙菌斑称为龈上菌斑，而随着菌斑的发展深入到游离龈下，深入齿龈沟（牙龈和牙齿或牙槽骨之间的位置）中，形成龈下菌斑。龈下菌斑中的细菌会分泌毒素（细胞毒素和细菌内毒素）

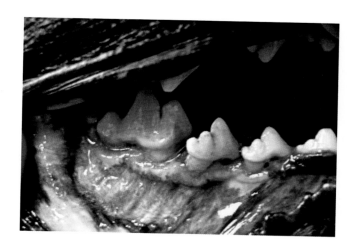

图1　牙龈萎缩。注意左下颌第三、四前臼齿和第一臼齿出现的压根暴露（摘自Brook A. Niemiec的牙周疾病Periodontal Disease一文）

畜主可能也没有关注动物的牙龈情况，因此大部分牙周病就诊时已经处于牙周炎的程度了。牙周炎最明显的临床症状就是牙周支持组织的丧失。而牙周支持组织的丧失有两种表现：①由于牙龈的萎缩，牙齿出现顶端移位，牙周袋的深度并没有改变，但会暴露齿根（图1）；②牙龈没有萎缩，牙周组织缺损出现牙周袋，这需要在动物已经全身麻醉的状况下使用牙科探针进行评估（图2）。这两种情况可能在同一病例中出现。牙槽骨的溶解可以通过X线拍片检查显示（图3）。牙周支持组织的损失会导致牙体的松动，也会发生牙齿脱落的情况。

较为严重的牙周病会出现局部的并发症。包括：①最常见的局部结果是出现口鼻瘘。由于上颌犬齿等牙齿的严重牙周炎会导致联通鼻腔和口腔的窦道，导致感染的发生。临床常见的表现为慢性鼻腔分泌物，打喷嚏，间断性厌食或口臭。这种情况常见于老龄的小型犬（尤其是短头品种犬）。②牙周病侵害多齿根齿时常出现2级根尖周脓肿。这常发生在牙根暴露时出现的细菌感染。常引起邻近齿根的脓肿。最常见出现发生的部位是下颌第一臼齿。③严重的牙周松弛、牙槽骨溶解会伴发病理性骨折，最常见为下颌犬齿与第一前臼齿之间的部位。常发生于小型品种。遭受轻微外伤或拔牙时容易发生，有时仅仅食入过硬的食物就可能发生。④由于上颌臼齿和第四前臼齿的上部通常连接眼眶周围组织，因此发生于该齿的牙周病极易造成颌面部及眼眶部的炎症，严重的甚或导致动物失明。在短头品种的猫中，上颌犬齿齿根较眶周近，易造成眼眶部炎症的蔓延。⑤现阶段的研究认为长期慢性的牙周病会导致口腔肿瘤的发生。这主要是由于牙周病导致的慢性炎性状态引起。⑥当牙周病发展到牙槽骨受损时，大量细菌进入骨组织内部，造成骨的感染、坏死、溶解而发生骨髓炎。

图2　牙周袋的形成。注意该犬的上颌前臼齿并没有严重的炎性反应表现，此时确诊就需要麻醉动物后使用牙科探针进行牙周袋的检查（摘自Brook A. Niemiec的牙周疾病）

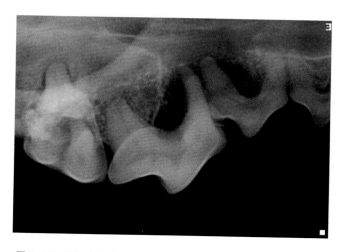

图3　可见牙周病患犬出现严重的牙周组织缺失及大面积牙槽骨的溶解（摘自Brook A. Niemiec的牙周疾病）

当牙周病的程度严重时，可能会出现系统性全身的临床表现。严重的牙龈炎和牙周炎使细菌有机会进入机体，有研究表明这些细菌进入肝、肾后会导致实质器官的功能受损；它们也会附着在已经受损的心瓣膜上，从而导致心内膜炎或栓塞性疾病；牙周炎也与胰岛素耐受相关，会导致糖尿病患犬的血糖管理失败，增加糖尿病并发症发生的概率。

4 诊断

对牙周病的诊断及分级是诊治牙周病的关键。准确的分级可以有效地选择合适的治疗方法，有助于判断预后且监测治疗效果。对于不同阶段的牙龈炎和牙周炎要分开进行评级。主要的评级由以下几组指标确定。

4.1 龈炎指数 主要是针对牙龈炎症情况的评估。这种情况一般治疗及时都易痊愈。

龈炎指数	表现
GI0	牙龈健康，紧紧包裹牙齿，从牙龈黏膜结合处到游离龈有正常色素，龈沟深度正常，口腔无异味，龈沟液正常
GI1	龈缘炎，游离龈有轻微炎症，轻度红肿，龈沟深度正常，使用牙科探针时无流血现象
GI2	中度牙龈炎，游离龈充血，大面积炎性反应，游离龈红肿，龈沟深度正常，使用牙科探针时流血
GI3	重度牙龈炎，炎症反应从牙龈黏膜结合部蔓延到游离龈，显著红肿，游离龈增厚，溃疡，常流血。这一分级常伴随牙周炎

4.2 牙周指数 牙周指数主要是针对牙周支持组织的损失进行分级，而并不涉及炎症反应的程度。

牙周指数	表现
PI0	齿龈健康，牙周结构正常，无临床表现
PI1	牙龈炎，但无牙周结构的异常
PI2	< 25% 的支持组织损失
PI3	25% ~ 50% 的支持组织损失
PI4	> 50% 的支持组织损失

在犬，正常的牙龈沟深度为1~2mm，在猫则小于1mm，如果探针探查的深度大于这一深度则需要进行X线拍片的辅助诊断。

4.3 松动指数 主要用于评估牙齿是否需要拔除。应当注意大型犬的犬齿即便丧失50%的支持组织仍然没有松动迹象，而小型犬的第一前臼齿即便损失极少的支持组织也会有松动表现，因此松动指数只用作是否需要拔除该牙齿的评断指标。

松动指数	表现
M0	无牙齿松动
M1	轻微牙齿松动（只有不到1mm的晃动，且无根尖的移动）
M2	中度牙齿松动（1~2mm晃动，且无根尖的移动）
M3	显著的牙齿松动（牙体侧边和根尖都有松动）

有M3程度的牙齿认为是无活性的牙齿，需要拔除。

4.4 齿分叉指数 多齿根齿由于牙周病时牙龈萎缩和牙槽骨缺失，可能导致齿分叉处暴露，该部分积聚牙菌斑和结石，极难保持干净。

分叉指数	表现
F1	由于牙龈附着缺失或牙龈萎缩可探及齿分叉处，但无症状和影像上的骨缺失
F2	探针可直接"坠入"齿分叉处，分叉处影像上可见密度降低
F3	可翻开牙龈直视齿分叉处，在影像上可见明显的骨缺失
F4	齿分叉处完全暴露

根据不同时期牙周病的临床表现，可以将牙周病进行分级，归纳整理于下表中。

牙周病有时并不能根据最初的临床症状和口腔检查就能准确诊断。虽然临床症状包括牙龈炎、口臭、牙齿松动等可能提示存在牙周病，但是确诊需要对动物进行镇静或麻醉后，使用牙科探针逐一检查牙齿，并进行口内X线片的拍摄。在犬，正常的牙龈沟深度为1~2mm，在猫则小于1mm，如果探针探查的深度大于这一深度则需要进行X线拍片的辅助诊断。牙片能够很清晰的反映出牙根和牙槽骨的病变。牙周病的X线片征象包括：牙槽嵴顶（牙槽骨顶端）的溶解、牙周间隙增宽、齿槽骨板（牙槽边的密质骨）的完整性丧失及骨质吸收/溶解。X线片显示的牙根周围骨质的损失可以帮助选择治疗方法。牙片也能够有效的帮助监测治疗效果、判断预后；还能有效地进行客户教育。

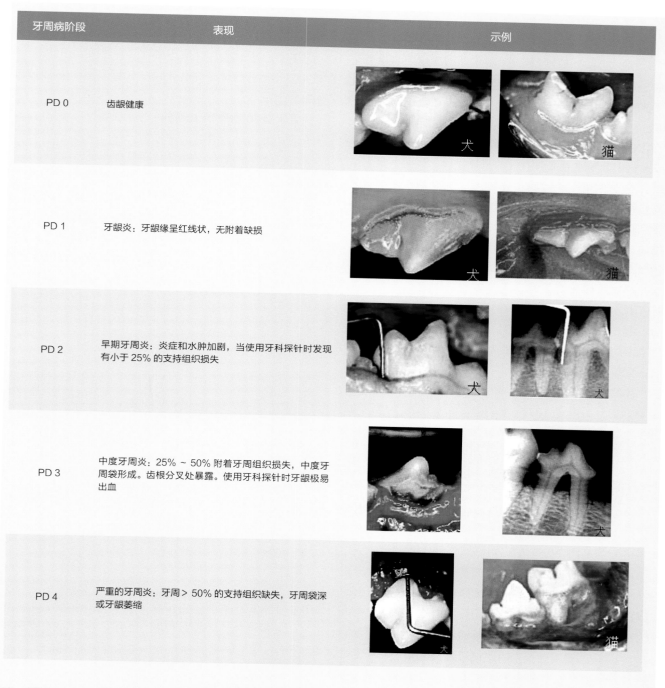

牙周病阶段	表现	示例
PD 0	齿龈健康	
PD 1	牙龈炎：牙龈缘呈红线状，无附着缺损	
PD 2	早期牙周炎：炎症和水肿加剧，当使用牙科探针时发现有小于 25% 的支持组织损失	
PD 3	中度牙周炎：25% ~ 50% 附着牙周组织损失，中度牙周袋形成。齿根分叉处暴露。使用牙科探针时牙龈极易出血	
PD 4	严重的牙周炎：牙周 > 50% 的支持组织缺失，牙周袋深或牙龈萎缩	

注：根据Dr. Jan Bellows于2005年1月18发表的牙周疾病分级制表。

5 治疗

进行牙周病治疗的目的是要恢复牙周支持组织的正常生理解剖结构，延缓牙齿表面牙菌斑的生成，从而预防组织炎症的发生、组织缺失以及牙齿松动。由于每颗牙发生牙周病的程度都有所不同，所以需要对不同的牙齿进行全面的评估并分别进行治疗。牙周病的治疗包括：洗牙和抛光、闭合性根面平整术、开放性根面平整术、龈下刮治术等。

根据牙周病的程度和阶段的不同，选择的治疗方法也有所差异。对于早期轻微的病变只需要进行洁牙、抛光、去除结石即可，中等程度的病例可能需要进行闭合性根面平整术、龈下刮治术，更为严重的可能需要进行牙龈瓣遮盖术、开放性根面平整术并引导组织再生等。对于已经波及牙根或牙槽骨的病例，需要进行拔牙和/或牙槽嵴整复。但在更进一步的操作之前，都应当首先去除已有的牙结石、牙菌斑，并对牙体进行抛光。

对于牙周袋小于5mm的病例，闭合性根面平整术以及龈下刮治术是非常有效的治疗手段。根面平整术是指去除牙根周围的牙结石，使低于正常齿龈沟下的被牙周病侵害的牙根表面更加光滑。闭合性根面平整术不需要去除遮盖在缺损处表面的牙龈，而开放性根面平整术则需要将牙龈去除以完全暴露出牙根表面来进行根周清创，一般适合牙周袋大于5mm的牙周病的治疗。

牙周病同所有牙科疾病一样，需要密切的家庭护理。畜主需要给与动物正确的饮食（包括饮食的营养成分、硬度等）及磨牙使用的玩具或零食；正确的家庭护理需要为动物进行刷牙；可以使用动物专用漱口水等护理品延缓牙菌斑的形成。

动物进行牙周病治疗后应当根据情况间隔3～12个月复诊，进行全面的牙科检查（包括牙科探查，对口腔健康状况进行评估，进行X线拍片检查等），这有助于监测治疗效果，并且同时预防牙科疾病的发生。

6 预防

牙周病是可以预防的牙科疾病。主要的防范方法包括：兽医提供的专业预防方法，积极的家庭护理及为动物提供优质的"牙齿营养"。

6.1 专业预防 每年应当在兽医诊所中进行一次专业的牙科治疗，包括全身麻醉后根据动物情况进行全面的牙科检查、超声洁牙、抛光及牙科情况的记录。但是由于大部分家庭护理的不当，一年的例行牙科检查很可能成为牙周病的治疗过程，因此很难建立起畜主每年定时进行牙科检查的"习惯"。一些其他的牙科手术方法也可以用于预防牙周病，如应当对过度拥挤的牙齿或齿位不正的牙齿进行及时的拔除，这样有助于预防牙周病的形成。

6.2 家庭护理 家庭护理的根本目的是减缓牙菌斑和牙结石在牙齿表面的形成。牙菌斑一般在24～36h内可于牙齿表面形成，因此每隔两天对动物进行专业的刷牙可以有效减缓牙菌斑的形成。刷牙应当使用犬用牙刷牙膏，并且应当特别注意牙齿颊面部的清洁。刷牙时牙刷应45度对准牙齿，这样毛尖部可清洁齿龈沟。每面牙齿应当保证30s的清洁时间。

醋酸氯己定及一些其他的冲洗剂可以用作口腔消毒用品，配合刷牙可以有效改善口腔炎症反应的情况。有一些锌抗坏血酸盐和二氧化氯可以有效的阻止口臭。当畜主应当注意的是，口臭可能并不仅仅是因为口腔疾病的原因造成。

6.3 提供良好的牙齿营养 除了正常饲喂干粮以外，有的研究已经发现在食品中添加一些商业的带有特殊清洁功能的食物可以有效减缓牙菌斑的形成。这些研究不仅仅是推广商品的试验，而是带有研究目的的试验，因此这类商品可以适量地添加在宠物的饮食中，有助于预防口腔疾病。目前，已有研究证明牛皮制食品可以帮助动物咀嚼，并且牛皮本身易于消化，在研究中还未发现其对消化系统的影响。但是对于一些硬度较高的零食如骨头、尼龙骨、牛蹄等则不建议使用，高硬度会导致齿折等情况的发生，并对牙齿的磨损大。网球类的制品因为长期摩擦牙齿表面会导致机械性的损耗，因此也不建议使用。

参考文献

A. Nemec, F.J.M. Verstraete, A. Jerin, M. Šentjurc, P.H. Kass, M. Petelin, Z. Pavlica, Periodontal disease, periodontal treatment and systemic nitric oxide in dogs, Research in Veterinary Science, Volume 94, Issue 3, June 2013, 542-544.

Brook A. Niemiec, Periodontal Disease, Topics in Companion Animal Medicine, Volume 23, Issue 2, May 2008, 72-80.

Cecilia Gorrel. Veterinary Dentistry for the General Practitioner, 2nd Edition. Elsevier Medicine:2013.

Daniel T. Carmichael, Periodontal Disease--Strategies for Preventing the Most Common Disease in Dogs, West Islip, NY, USA, Western Veterinary Conference, 2007.

Dr. Jan Bellows. Periodontal Disease. http://www.vin.com/members/cms/document/default.aspx?id=2993232&pid=107&catid=&said=1. January 18, 2005.

Fraser A. Hale, Understanding Veterinary Dentistry, 3232 North Rockwell Street, Chicago Illinois, 60618: Hu-Friedy Inc, Chapter 13: Periodontal Disease.

G. Canpus, A. Salem, S. Uzzau, E. Baldoni, G. Tonolo. Diabetes and periodontal disease: a case-control study. J Periodontol, 2005,76 (3), 418–425.

http://www.vin.com/members/cms/document/default.aspx?id=2993039&pid=46&catid=&said=1. February 7, 2002.

Jan Bellows. Stages of Periodontal Disease.

R. Michael Peak, A Practical Guide for Diagnosis and Treatment of Periodontal Disease, Largo, FL, USA, Atlantic Coast Veterinary Conference, 2006.

Steven E. Holmstrom. Veterinary Dentistry: A Team Approach, 2nd Edition. Elsevier Medicine:2012.

犬猫输血疗法研究进展

邓晓媚 钟友刚* 施振声

中国农业大学，北京，海淀区圆明园西路2号，100193

摘要： 输血疗法是对患病动物输入正常血液制品或血液成分制品进行治疗的一种方法，在犬猫临床治疗中一种重要的实用技术。这篇综述主要对兽医输血医学及其应用方面的最新研究进行介绍，同时对输血疗法中的一些争议点进行讨论。

关键词： 自体输血，细胞再利用，去白细胞处理，贮藏损伤，异体输血

Abstract: Blood transfusion is an important therapeutic method for canine and feline, including collection and storage of blood and administration of products. This paper reviews the recent developments, controversial practices in blood transfusion of canine and feline.

Keyword: autologous transfusion, cell salvage, leukoreduction, storage lesion, xenotransfusion

1 引言

1665年，Richard Lower报道了关于动物输血的首个成功案例，他用一只犬的血液替换了了另一只犬的血液[1]。尽管很早就进行了这方面的试验，但是输血操作仅在最近的30~60年里才普遍使用[2]。

输血的目的是为了补偿血液中失去的成分，或是在发生贫血、出血、溶血和血液再生障碍时提高携氧能力。血液制品已经越来越容易获得，这得益于血液处理和贮藏方法的持续改进，以及输血操作技术的发展。但是关于血液制品的贮藏和使用仍有很多争议。例如，如何在理想的贮藏有效期内最小化贮藏损伤，如何在红细胞溶血作用最小化的情况下将血液输注方式的外伤性损伤降到最小。常规的输血技术主要围绕血液贮藏，而现在非常规的输血技术引起越来越多的关注，如利用自体输血，再利用血细胞和异体输血等，这种技术替代了传统的输血方法。

2 血液制品

全血是从供体动物中抽出并转移到血袋或注射器中的，容器中含有枸橼酸磷酸葡糖（CPD）或柠檬酸-磷酸-葡萄糖-腺嘌呤（CPDA-1）或酸柠檬酸-葡萄糖溶液（ACD）；柠檬酸盐磷酸盐是抗凝血剂，而葡萄糖和腺嘌呤则为细胞提供营养来源[3]。新鲜 WB需要在采集后的4~6h内输注；它包含红细胞（RBC）、血小板、白细胞和血浆蛋白，其中包括凝血因子。它主要用于治疗外伤、手术或凝血性疾病导致的急性、重症出血。6~8h后需要制成贮藏式的WB，这种WB包含红细胞及血浆并具有21~28 d的保质期。它不再提供有活性的血小板、白细胞或不稳定的凝血因子（纤维蛋白原、凝血因子Ⅷ、血管性

通讯作者
钟友刚 中国农业大学动物医学院产科教研组，北京。联系方式：zhongyougang@126.com。
Corresponding author: Yougang Zhong, Obstetrics group, Veterinary Medicine College, China Agriculture University, Beijing.
E-mail: zhongyougang@126.com。

血友病因子）。

血液的成分可以在血液采集后通过离心立即分离，移除上层的血浆以制成 含有红细胞、白细胞、血小板、残血浆和抗凝剂的pRBC；这种血制品主要用于治疗溶血和非再生性贫血症。营养液，氯化钠-腺嘌呤-葡萄糖-甘露醇（SAG-M），可以延长贮存时间至35～42d，同时保护红细胞[3, 4]。

抽出的血浆中含有血浆蛋白、活性和非活性凝血因子，可以冻存起来作为新鲜冷冻血浆在1年内使用，用于治疗凝血因子和血浆蛋白缺乏症，弥散性血管内凝血和重症坏死性胰腺炎[2]。经过1年的贮存，该产品成为冷冻血浆，可以再贮存4年。以前认为不稳定的凝血因子在贮存了1年之后是不具备可靠功能的，然而最近一项研究发现虽然经过5年贮存后的冰冻血浆与贮存了1年的新鲜冰冻血浆相比，Ⅷ和Ⅹ因子的活力有所降低，然而根据凝血弹性描计图结果显示该血液制品仍然具有凝血活性[5]。猫通常会输注新鲜或存储的WB，因为其献血量较小的原因导致血液成分分离变得很复杂；相反，犬的血液在血液银行中可以根据不同的成分分别进行贮藏。

3 血液的贮藏与贮藏损伤

贮藏过程中发生的形态学改变、代谢的紊乱及氧化损伤会对红细胞的生存能力和功能产生有害的影响，并最终以贮藏损伤的形式在输血后导致红细胞生存率的降低[6]；在人类医学中这种损伤以及得到确认，而在兽医中此类文献报道还很有限。

贮藏血液的 pH随着乳酸和丙酮酸的积累会逐渐降低，这将促使犬红细胞的2,3-二磷酸甘油酸（2,3-DPG）在贮藏的前24h内降低至54%[7]，人类pRBC在贮藏2周后则将完全检测不到[8]。降低的2,3-DPG会 增加血红蛋白的氧亲和力，从而在输血后减少了氧的释放，这可能会影响组织的氧合作用和病人的发病率及死亡率[8]。2,3-DPG水平在 人类输血 72h内会恢复到接近正常水平[9]；这种变化在犬中尚未得到证实。猫红细胞的氧亲和力依靠于氯化物并且2,3-DPG 的含量正常情况下就比较低[10]；与犬相比，猫贮藏血红蛋白的 P50 降低地相对较小[11]，这是由于在犬中 2,3-DPG 是血红蛋白的氧亲合力的主要修饰因子。

在犬贮藏红细胞中三磷酸腺苷（ATP）的水平会逐渐下降[7]；人类血液在经过 5 周的贮藏期后其细胞内ATP水平将减少 60%。ATP 可以防止由微囊泡化引起红细胞膜的缺损，这种微囊泡化会导致负电、促炎和促凝的微粒

（MPs）在胞外蓄积。负电荷的磷脂，特别是磷脂酰丝氨酸，通过ATP 介导的主动转运从红细胞的外表面运送到内表面，因此可以减少输血后巨噬细胞的清除率[4]。随着ATP 浓度的降低，红细胞形状改变其形变能力不可逆转地减弱。随着时间的推移，由于贮藏血液发生溶血[12]并与循环一氧化氮发生反应，从而导致游离血红蛋白浓度成正比增加，它显著快于红细胞血红蛋白的形成，最终导致血管收缩[8]。

在犬贮藏pRBC中磷脂酰丝氨酸表达的MPs逐渐增加[13]。这种微粒的产生是生理性应对早期细胞凋亡的一种细胞保护机制，但通常会被网状内皮系统清除；但是在贮藏血液中这种清除却不会发生，由此导致MPs的蓄积。它们是促进炎症的因子并可能在人类输血反应中起到一定的作用[14]。MPs同样是促血凝因子，它们提供负电荷的膜表面从而催化Ⅸ和 Ⅹ因子的激活并表达未活化的组织因子。

实验诱导肺炎的犬在输注贮藏期为42d的血液后，与输注贮藏期为7d的血液相比，体内溶血反应增加，随即导致肺动脉高压，血管损伤，换气异常及生命危险[15]。在人类中，输注＞21d贮藏期的血液比起输注＜21d贮藏期的血液，其组织氧饱和度下降。贮藏期越久的血液可能会影响外周血管和氧运输[16]。这些研究印证了一些人类输血研究文章中提出的关于输注贮藏期过久血液会带来负面影响的观点。但是在一些对于人类的研究中，并未发现血液贮藏时间与发病率和死亡率之间存在联系。

血液贮藏带来的损伤已被记录，以确定血液贮藏时间的期限，并进行严格限制。在兽医领域中，有关输注贮藏时间过久的血液制品是否可能会对病患的发病率和死亡率带来显著的影响（特别是在不同疾病状态下）的研究十分有限。尽管如此，在人类研究中关于贮藏损伤及其潜在的不利影响的证据已越来越多，在兽医领域中这种损害也已有少量的发现，所以，尽可能输注新鲜全血或者贮藏期较短的血液是十分明智的，在所有情况下理想的贮藏期应<14～21d，尤其是对于那些危重的病例。由于2,3-DPG浓度降低，麻醉师在输血时应该把贮存后的血液视为酸性液体，而且它可能不能达到理想的组织氧合作用。

4 去白细胞处理

去白细胞处理（LR）涉及在血液贮藏之前进行血细胞筛选以去除白细胞和血小板。在全世界的很多国家的人类医学中这是常规操作，但是在兽医领域却是一个相对比较

罕见的做法。

输注了未进行LR处理的贮藏血液后，白细胞代谢活跃，其产生的细胞因子在血液贮藏期间能在细胞外堆积，由于红细胞的聚集和内皮细胞的黏附增加，在人类中这可能会助于贮藏损伤的发生[17]。犬贮藏42d的pRBC，无论在贮藏期的任何时间点进行检测，LR处理组的红细胞计数显著性高于、溶血作用显著性低于未LR处理组，并且2,3-DPG也显著降低，这也再一次提示LR处理可以降低贮藏损伤[18]。在贮藏过程中，白细胞退化并释放组胺、血管内皮生长因子（VEGF）、髓过氧化物酶和纤溶酶原激活物抑制物-1等生物活性物质[19]。在犬中血管活性化合物和细胞因子可能会参与某些红细胞贮藏损伤过程并可能助于输血反应的发生[20]。

犬血液在4℃进行贮藏前LR可以使白细胞减少99.9%，它并不会影响输血后活力、ATP或血红蛋白浓度[21]。LR可以减轻人类输血后的炎症反应，并且可以降低贮藏期内的红细胞损伤和溶血作用。在输注了21d贮藏期的非LR pRBC的健康犬中，与输注同样贮藏期LR血液的犬相比，分叶中性粒细胞、纤维蛋白原、C-反应蛋白显著增加，在收到非LR 21d龄存储及pRBC相比，后者的炎性相关因子并未较基础值显著增加[22]。白细胞、血小板和其他细胞产生的VEGF是伤口愈合必要因素，但也有助血管生成和肿瘤转移。犬pRBC非LR贮藏血液中的VEGF浓度增加，而在LR血液中并未达到可检测单位[20]。虽然这项发现在犬中相关性尚不清楚，但是在人类癌症患者中推荐使用LR血液以避免输注过量的VEGF。

但是，去白细胞处理并不能完全消除输注贮藏血液引起可见的炎症反应。对比贮藏7d与28d的LR与非LR犬pRBC，贮藏时间更久的血液，与是否LR无关，都会在健康的受血犬中会引起炎症反应，导致单核细胞化学诱导蛋白-1浓度升高，同时引起中性粒细胞增加、血小板降低和血管外溶血并产生大量的循环转铁蛋白结合铁[23]。

去白细胞处理在人类医学中已经得到广泛研究，并正在成为兽医领域的关注点。现有证据表明，所有用于贮藏的RBC制品进行LR都是有益的，因为它可以减少输血反应、贮藏损伤、输血引起的炎症反应及疾病传播等情况的发生。需要进行进一步的研究来确定在兽医患者中这些益处是否会超出可接受的成本。

5 血型和交叉配血

犬血型是根据基于红细胞表面抗原的犬红细胞抗原（DEA）系统进行划分的，这些抗原包括DEA 1.1（A1）、1.2(A2)、1.3(A3)、3(B)、4(C)、5(D)、6(F)、7 (Tr)和8（He），虽然针对DEA 6和8的抗血清无效。犬DEA 1.1出现频率为42%~71.2%，根据地理位置和品种的差别而不同[24]。DEA 4是一种高频率的抗原，98%~100%的犬含有此抗原，而其他血型的出现率只有低到中等[24]。随着Dal同种抗体在非敏感性的大麦町犬中的发现，Dal抗原最近才有记录；这种同种抗体并非自然存在[25]。除了大麦町犬，这种抗原在其他品种中有93%出现频率。将Dal阳性的犬血输注到阴性的大麦町犬的体内可能会导致潜在的威胁到生命的溶血反应，因此在有过输血经历的犬中进行交叉配型是十分必要的。

任何之前接受过输血>3~5d的犬猫在再一次接受输血前都需要进行交叉配型以评估血液的相容性。

6 血液输注

血液的最佳输注途径是静脉内输注，如果静脉通路不能实现的话，也可以考虑骨髓内途径。腹腔内输注会导致吸收缓慢，并以此延迟输血效果的发挥。通常从犬中采集到的血液会收集到血袋中；然后连接到带有内置筛选器的输液器上，输注的体积和速度由缓慢推动的液体泵控制。猫的血液通常收集到含有抗凝剂的注射器中，这是因为可以得到的血量较少的缘故，然后通过含有微聚集筛选器的输液管进行输注，输血的速度通过一种注射器驱动装置进行控制。重力流动在输血中不常用，因为它对输注速度和体积的控制不够精确。在输血过程中要避免或减少输血线断开的发生以保持无菌。

将其从冷藏柜中取出后，红细胞制品的输注应在4h内完成，以降低细菌污染和生长的风险。这一建议根据于过去70多年里众多人类输血方面的研究结果；虽然这其中的一些研究已经因为贮藏方法和技术的改进而过时，然而并没有新的研究表明这个时间是应该延长的[26]。

7 细胞再利用和自体输血

对于大量失血的犬而言，细胞再利用和自体输血是一种有潜力的处理方案，它将同源输血中存在的风险，并发症和不良反应降到了最低。体内或者手术过程中流出来的血液采用细胞分离技术收集，然后洗涤，最后，去除血浆，激活凝血因子，使用抗凝药物和全身用药，制成红细胞悬浮液注入患者体内[27]。虽然对于恶性肿瘤患者采取自体输血的方式越来越少，但是对于人体内的白细胞缺乏者却应优先选用自体输血的方式来降低细菌量，白细胞和肿瘤细胞[28]，细胞回收技术已应用于人妇产科、心血管、骨科和心脏的外科手术，并且很少因为输入大量无血小板和凝血因子的自体红细胞而出现的凝血并发症[29]。细胞回收的临床记录中有3只患有颈部神经良性肿瘤的犬全部接受了同源输血和自体输血，可以推测出同源输血的整体需求有所下降[27]。现已证实并未出现输血的不良反应和其他的并发症。随着细胞回收技术的使用，比起给犬输入2个单位的悬浮红细胞的花费要有所下降[30]。未来不断地努力将有望阐明细胞回收技术在患病动物身上的风险和价值，细胞回收技术将有潜力替代有限的同源输血方法。

术前几周的献的血，根据需要，优先选择外科手术使用，随后才是体内或术后的自体输血，这些血已经在人患者外科手术中有可能出现的出血和输血的过程中进行使用。这一输血方法降低了对同源血液的需要量并且减少了相关风险[31]。向任何血液样品一样术前自体献血仍旧存在着储存病变和细菌污染的风险。这一过程会因为增加捐赠的成本而比同源输血更加昂贵。

对于人的诱导麻醉，比起缺乏晶体流动的血液的替代，急速的血液稀释可能会更快的在捐赠的血液中出现[32]。血液在手术室室温保存，在外科手术过程中有需要是进行输送。新鲜的血液有最小的贮藏损伤。这一过程为了所进行的手术过程中出现的严重大出血做备用。没有必要摒弃同源输血疗法，但是可以减少同源输血疗法所需的单位数。

目前，并未见到兽医临床报道过自体输血的术前血液捐献和急速血液稀释。这项技术需要的花费评估决定着它的可行性。急性血液稀释将会是将相关风险降到最低的可行性输血选择。对于患病动物的研究有可能提供另一种输血的选择，以此来减少对同源输血的需求。

8 异种输血

异种输血，即在两种不同种的动物间进行输血，是由Jean- Baptiste Denis 在 1667年首次报道的，他的报道中将小牛的血输注到犬体内。之后进行过将小羊和小牛的血输到人体内[33]。随着1990年人类血型的发现，输血操作发生了显著性的进展。但是关于异种输血一直都有持续的关注，最新的研究涉及将猪的血液输到人体中。纯化聚合猪血红蛋白已被成功输给犬，并没有引起凝集或溶血性反应[34]。

在治疗贫血时，允许短时进行异种输血，它可以为

诊断或准备手术程序或在合适的血液收集和输注前提供时间。它并非没有潜在的重大风险，也不能取代同源或自体输血。但是基于目前可获得的证据，异种输血在兽医输血医学中是占据一席之地的。

9 结论

输血操作随着时间推移而发展。贮藏技术的改进允许了血液储存时间的延长，但是它也带来了更多的贮藏损伤。在可能的情况下应选择使用贮藏时间更短的血液制品。LR的益处在人类和兽医领域都正在被广泛认可，并可能会在为了成为标准化的操作。有发展前景的输血选择有：通过自体输血进行细胞再利用和异种输血，它们也许成为血液制品的来源之一。

参考文献

[1] Lower R The success of the experiment of transfusing the blood of one animal into another. Philos Trans R Soc Lond B Biol ,1665, Sci 1: 352.

[2] Davidow B Transfusion medicine in small animals. Vet Clin Small Anim ,2013, 43: 735–756.

[3] Wardrop KJ, Young J, Wilson E An in vitro evaluation of storage media for the preservation of canine packed red blood cells. Vet Clin Pathol, 1994, 23:83–88.

[4] Hess JR An update on solutions for red cell storage. Vox Sang,2006, 91: 13–19.

[5] Urban R, Couto CG, Iazbik MC Evaluation of hemostatic activity of canine frozen plasma for transfusion by thromboelastography. J Vet Intern Med, 2013, 27: 964–969.

[6] Pavenski K, Saidenberg E, Lavoie M et al. Red blood cell storage lesions and related transfusion issues: a Canadian Blood Services research and development symposium. Transfus Med Rev,2012, 26:68–84.

[7] Price GS, Armstrong J, McLeod DA et al. Evaluationof citrate phosphate dextrose adenine as a storagemedium for packed canine erythrocytes. J Vet InternMed,1988, 2:126–132.

[8] Raat NJ, Ince C Oxygenating the microcirculation: the perspective from blood transfusion and blood storage. Vox Sang, 2006, 93: 12–18.

[9] Heaton A, Keegan T, Holme S, In vivo regeneration of red cell 2,3-diphosphoglycerate following transfusion of DPG-depleted AS-1, AS-3 and CPDA-1 red cells. Br J Haematol, 1989, 71: 131–136.

[10] Bunn HF, Differences in the interaction of 2,3diphosphoglycerate with certain mammalian hemoglobins. Science,1971, 172: 1049–1050.

[11]　Wong C, Haskins SC, The effect of storage in the P50 of feline blood. J Vet Emerg Crit Care 2007, 17: 32–36.

[12]　Hess JR, Sparrow RL, van der Meer PF et al. Red blood cell hemolysis during blood bank storage: using national quality management data to answer basic scientific questions. Transfusion,2009, 49: 2599–2603.

[13]　Herring JM, Smith SA, McMichael MA et al. Microparticles in stored canine RBC concentrates. Vet Clin Pathol 2013, 42: 163–169.

[14]　Jy W, Ricci M, Shariatmadar S et al. Microparticles in stored red blood cells as potential mediators of transfusion complications. Transfusion,2011, 51:886–893.

[15]　Solomon SB, Wang D, Sun J et al. Mortality increases after massive exchange transfusion with older stored blood in canines with experimental pneumonia. Blood,2013, 121:1663–1672.

[16]　Kiraly LN, Underwood S, Differding JA et al. Transfusion of aged packed red blood cells results in decreased tissue oxygenation in critically injured trauma patients. J Trauma, 2009, 67:29–32.

[17]　Lu C, Gray-Statchuk L, Cepinkas G et al. WBC reduction reduces storage-associated RBC adhesion to vascular endothelial cells under conditions of continuous flow in vitro. Transfusion,2003, 43: 151–156.

[18]　Ekiz EE, Arslan M, Akyazi I et al. (2012) The effects of presotrage leukoreduction and storage duration on the in vitro quality of canine packed red blood cells. Turk J Vet Anim Sci 36, 711–717.

[19]　Nielsen HJ, Reimert CM, Pedersen AN et al. (1996) Timedependent, spontaneous release of white cell- and platelet-derived bioactive substances from stored human blood. Transfusion 36, 960–965.

[20]　Graf C, Raila J, Schweigert FJ et al. (2012) Effect of leukoreduction treatment on vascular endothelial growth factor concentration in stored canine blood transfusion products. Am J Vet Res 73, 2001–2006.

[21]　Brownlee L, Wardrop KJ, Sellon RK et al. (2000) Use of a prestorage leukoreduction filter effectively removes leukocytes from canine whole blood while preserving red blood cell viability. J Vet Intern Med 14, 412–417.

[22]　McMichael MA, Smith SA, Galligan A et al. (2010) Effect of leukoreduction on transfusion-induced inflammation in dogs. J Vet Intern Med 24, 1131–1137.

[23]　Callan MB, Patel RT, Rux AH et al. (2013) Transfusion of 28-day-old leucoreduced or non-leucoreduced stored red blood cells induces an inflammatory response in healthy dogs. Vox Sang 105, 319–327.

[24]　Ferreira RR, Gopegui RR, Matos AJ (2011) Frequency of dog erythrocyte antigen 1.1 expression in dogs from Portugal. Vet Clin Pathol 40, 198–201.

[25]　Blais MC, Berman L, Oakley DA et al. (2007) Canine dal blood type: a red cell antigen lacking in some Dalmatians. J Vet Intern Med 21, 281–286.

[26]　Brunskill S, Thomas S, Whitmore E et al. (2012) What is the maximum time that a unit of red blood cells can be safely left out of controlled temperature storage? Transfus Med Rev 26, 209–233.

[27]　Hirst C, Adamantos S (2012) Autologous blood transfusion following red blood cell salvage for the management of blood loss in 3 dogs with hemoperitoneum. J Vet Emerg Crit Care 22, 355–360.

[28]　Waters JH, Tuohy M, Hobson D (2003) Bacterial reduction by cell salvage washing and leukocyte depletion filtration. Anaesthesiol 99, 652–655.

[29]　Ashworth A, Klein AA (2010) Cell salvage as part of a blood conservation strategy in anaesthesia. Br J Anaesth 105, 401–416.

[30]　Kellett-Gregory LM, Seth M, Adamantos S et al. (2013) Autologous canine red blood cell transfusion using cell salvage devices. J Vet Emerg Crit Care 23, 82–86.

[31]　Henry DA, Carless PA, Moxey AJ et al. (2002) Preoperative autologous donation for minimizing perioperative allogenic blood transfusion. Cochrane Database Syst Rev 2, CD003602.

[32]　Klein HG, Spahn DR, Carson JL (2007) Transfusion medicine 1. Red blood cell transfusion in clinical practice. Lancet 370, 415–426.

[33]　Roux FA, Sai P, Deschamps JY (2007) Xenotransfusion, past and present. Xenotransplantation 14, 208–216.

[34]　Jia X, Chen L, Ding W et al. (2010) Heterologous transfusion of dog by polymerized hemoglobin of pig. Chin Anim Husb & Vet Med, 9, S858.292.

羊膜移植治疗犬角膜损伤的临床研究

王亨[1,2] 王艳[1,2] 李建基[1,2] *

1 扬州大学兽医学院，江苏扬州，225009；2 江苏省动物重要疫病与人兽共患病防控协同创新中心，江苏扬州，225009

摘要：犬角膜溃疡或缺损是宠物临床常见疾病，严重者可导致穿孔、感染，恢复困难。羊膜作为免疫原性低的生物材料，在医学领域常作为移植材料。本研究采用犬角膜碱烧伤模型，造成角膜缺损，通过对角膜的临床观察评分，包括角膜混浊度、新生血管和荧光素着色，综合评价羊膜移植对角膜损伤修复的效果。结果发现：羊膜移植后，促进了角膜修复，角膜的混浊度降低，新生血管受到抑制，上皮修复加速。结论：羊膜移植可作为临床治疗犬角膜溃疡或缺损的一个途径。

关键词：犬，羊膜移植，角膜

Abstract: Corneal ulcers are the most common clinical manifestations of ophthalmological disorders, there are presently different ways to repair and treat the disorder. The author used amniotic band to repair the corneal ulcers induced experimentally in dogs and the results of the treatment were satisfactory, indicating that the amniotic band can be used to repair corneal ulcers in dogs.

Keyword: corneal ulcer, amniotic band, dog

犬角膜损伤是临床常见的眼科疾病，且致盲率较高。羊膜免疫源性低，以其优越的理化特性而成为理想的生物移植材料。为了探索犬角膜损伤的高效疗法，本试验首先建立了犬角膜碱烧伤疾病模型，然后采用羊膜移植术对其进行治疗，动态观察羊膜移植对犬角膜损伤的治疗效果，为羊膜移植的临床应用提供参考。

1 材料

1.1 主要仪器和设备 裂隙灯（SL-120，ZEISS，德国）；手术显微镜（SOM2000D，苏州六六视觉科技股份有限公司）；-80℃超低温冰箱（Thermo Scientific，美国）。

1.2 主要药品、试剂和材料 氢氧化钠（上海焱晨化工实业有限公司）；甘油（国药集团化学试剂有限公司）；犬眠宝、犬醒宝（东北农业大学提供）；荧光素钠眼科检测试纸（天津晶明新技术开发有限公司）；氯霉素滴眼液（金陵药业股份有限公司利民制药厂）；自制保存羊膜，由扬州大学外科研究室制备。

2 方法

2.1 实验动物及分组 选取健康成年比格犬6只，雌雄不限，裂隙灯检查，无眼前节病变。每只犬双眼行碱烧伤，左眼为对照组，碱烧伤后不治疗；右眼为试验组，碱烧伤后进行羊膜移植手术（图1）。

通讯作者
李建基 教授，博士生导师，研究方向为兽医临床疾病发病机制。联系方式：yzjjli@163.com。
Corresponding author: Jianji Li, Professor, Veterinary College of Yangzhou University. E-mail: yzjjli@163.com.

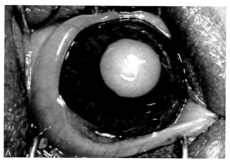 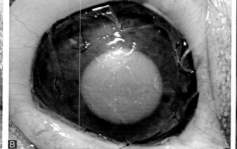 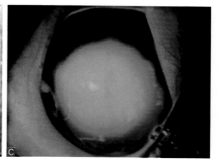

A. 对照组（碱烧伤）　　　　B. 试验组（碱烧伤+羊膜移植）　　　　C. 碱烧伤荧光染色观察

图1　对照组和试验组角膜损伤及羊膜移植

2.2 术后护理及临床相关指标观察

术后，犬佩带伊丽莎白项圈，一周内双眼滴氯霉素滴眼液，4次/d，每周逐渐减量，至1个月时停止点眼。术后7 d拆除缝线。

分别于术后7、14、21、28、35 d对角膜混浊度、新生血管及角膜缺损情况进行评分。角膜混浊度评分标准参照Pfister等[1]的方法进行，角膜新生血管评分参照Den等[2]的方法进行；角膜缺损荧光素染色评分参照Heiligenhaus等[3]的方法进行。

3 数据处理与统计分析

应用SPSS 17.0统计软件进行差异性分析，数据以平均值±标准差（±SD）表示，$P<0.05$为差异有显著性意义。

4 结果

4.1 羊膜移植临床观察结果

试验组术后羊膜植片平整，羊膜下未见积液，1周内溶解，未发生排斥反应和感染迹象。初期两组眼睛均出现流泪，分泌物增多，之后逐渐减少，试验组至第16天时有两只眼睛的分泌物量恢复正常水平，至第20天时6只眼睛均恢复正常水平，而对照组到第28天时仍有2只眼睛有较多的分泌物。对照组有1只眼睛在第6天时发生穿孔，还有1只眼睛在第7天时表面长出一黄豆粒大小的水疱，至第15天时消退。

对照组术后第3天，可见角巩膜缘血管轻度扩张充血；第5天，角巩膜缘处新生血管芽呈刷状，角膜混浊；第7天，角膜缘处新生血管继续生长，角膜中央变薄；第14天，角膜中央变得更薄，周边水肿增厚、混浊，新生血管继续生长，顶端分叉；第21天，新生血管蔓延到溃疡周边，部分交织成网状，角膜混浊度无

明显改观；第28天，新生血管延伸到角膜中央，形成较粗的血管，中央角膜逐渐增厚，角膜水肿混浊程度加重；第35天，新生血管逐渐消退，角膜形成瘢痕，角膜水肿减轻。试验组术后3 d未见明显新生血管生长，角膜水肿混浊；第5天，出现新生血管芽；第7天新生血管生长缓慢；第14天时新生血管蔓延到溃疡周边部，第21天时新生血管延伸到角膜中央，基本停止生长，之后逐渐消退，角膜水肿程度也逐渐减轻，角膜中央形成瘢痕。

4.2 羊膜移植后，犬角膜混浊度评分检测结果

角膜混浊度评分如图2所示。对照组术后角膜混浊度逐渐增加，第28天时混浊度最明显，随后开始减轻。试验组术后21 d时混浊程度加深，与第7、14天角膜混浊度相比，显著升高（$P<0.05$），第28、35天，角膜混浊度显著降低（$P<0.05$），且第35天时，试验组与对照组相比，混浊度显著降低（$P<0.05$）。

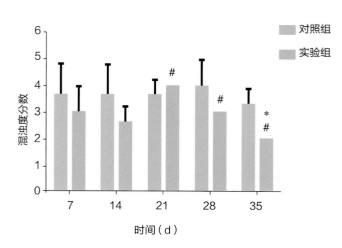

图2　角膜混浊度分数

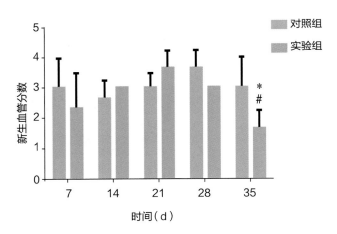

图3 角膜新生血管分数

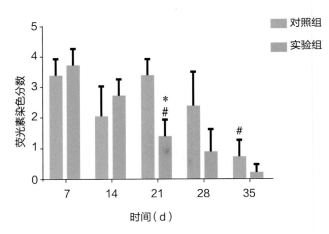

图4 角膜上皮荧光素染色分数

*表示试验组与对照组在同一时间点比较差异显著（P＜0.05），#表示与同组前一时间点比较差异显著（P＜0.05）。

4.2 羊膜移植后，犬角膜新生血管评分检测结果 角膜新生血管评分如图3所示。对照组在第28天时新生血管评分最高，随后逐渐减少。试验组术后新生血管增多，在第21天时达到最高，之后减少，与第28天的角膜新生血管相比，第35天时角膜新生血管出现显著减少（P＜0.05），且与对照组相比，亦差异显著（P＜0.05）。

*表示试验组与对照组在同一时间点比较差异显著（P＜0.05），#表示与同组前一时间点比较差异显著（P＜0.05）。

4.3 羊膜移植对犬角膜上皮修复的影响 角膜上皮荧光素染色评分如图4所示。试验组术后21 d荧光染色评分显著降低（P＜0.05），且与对照组相比，着色差异显著（P＜0.05），第35天时荧光素着色不明显。对照组术后荧光色染色，第35天时荧光素染色评分显著性降低（P＜0.05），其他时间点无显著性差异。

*表示试验组与对照组在同一时间点比较差异显著（P＜0.05），#表示与同组前一时间点比较差异显著（P＜0.05）。

5 讨论

5.1 羊膜移植对犬角膜混浊度的影响 研究发现：

碱烧伤后，角膜组织坏死，诱发炎症反应。白细胞发生"呼吸爆炸"，产生过量的自由基进一步破坏组织，而烧伤后的组织中超氧化物歧化酶（SO天）活性明显降低，影响对自由基的清除[4,5]。同时，PMN不断的吞噬坏死组织，导致溶酶体破裂，其中的溶酶体酶，如胶原酶6、弹性蛋白酶、组织蛋白酶G和D，进入组织，加剧角膜中胶原的降解，影响愈合。此外，白细胞还分泌纤维蛋白溶解酶原激活因子，降解纤维蛋白和纤维连接蛋白，使病情恶化[6]。研究发现炎性细胞角膜损伤后第10～21天达到第二个高峰期，此时是角膜溃疡的活动期，在1个月内容易发生角膜穿孔[7]。

本试验中试验组在第21天时混浊度加重，可能是由于碱烧伤后炎性细胞浸润所致，而羊膜移植促进损伤的修复，第28、35天角膜混浊度显著降低，而对照组随损伤的加重，角膜混浊度无明显下降。

尽管一些内在机制尚不清楚，但是羊膜移植可促进早期角膜的损伤愈合。研究人员在角膜损伤早期，植入羊膜基质层，发现可有效地降低角膜混浊，减少角膜细胞的凋亡，降低角膜瘢痕的形成[8]。Kim等[9]认为羊膜移植降低角膜混浊度的原因可能与羊膜移植可抑制泪液中PMN的浸润有关。基质层中PMN的数量下降，活化的成纤维细胞数量减少，降低了胶原酶含量，使基质层的降解减少；此外羊膜中含各种蛋白酶抑制剂，通过各种成分间的相互协同作用，抑制瘢痕的形成，促进组织愈合。本试验也发现，羊膜移植可明显降低混浊度，抑制新生血管，促进缺损愈合。

5.2 羊膜移植对犬角膜新生血管的影响 角膜新生

血管（CNV）虽然可以促进角膜的损伤愈合，抑制角膜溶解，但是CNV会破坏角膜正常的微环境，影响角膜移植术后角膜植片的存活，而且新生的血管结构较脆弱，易发生出血、渗出等，从而影响角膜的透明性，最终导致失明。

本试验中，试验组在第21天时CNV达到高峰，随后逐渐减少，在第35天时出现显著性减少，而对照组在第28天出现高峰，两组在第35天时存在显著性差异。胡柯等[10]用不同保存方法的羊膜移植治疗兔眼前节碱烧伤，发现新鲜羊膜、甘油保存羊膜和真空干燥羊膜组在术后7 d角膜缘都有血管芽生成，第12~20天达到高峰，30 d后已经明显消退，60 d后肉眼看不到或在角膜缘2 mm范围内。

目前对于羊膜抑制CNV生长的机制尚不完全清楚，但有研究认为炎性细胞浸润的病理过程中，巨噬细胞、白细胞、角膜上皮和基质细胞VEGF表达显著升高，促进CNV生成[11]。羊膜含有的生物活性分子，可抑制PMN释放的胶原酶、蛋白酶等对角膜基质结构的破坏，抑制CNV的生长，加快角膜上皮的修复，减少CNV促进因子的产生，减轻角膜血管化。

5.3 羊膜移植对犬角膜上皮修复的影响 角膜碱烧伤愈合的特点是伴发持久的炎症反应、复发性的上皮侵蚀和形成新生血管[12]。本试验中，在第21天发现，对照组由于复发性上皮侵蚀使着色增强，而郑晓汾等[13]试验也发现角膜碱烧伤后7d内上皮修复，第14~21天时会再次脱落，形成溃疡。本研究中试验组上皮着色逐渐降低，这说明羊膜移植促进了角膜的修复。

林荣霞等[14]认为碱烧伤会使角膜蛋白变性，结构变异，形成抗原，刺激免疫效应细胞产生抗体，试验发现在烧伤后14~21d的角结膜组织中观察到了沉积的免疫复合物，说明免疫反应参与了组织损伤和修复的过程。有学者提出变性的可溶性蛋白通过水肿、疏松的角膜基质间隙扩散至角膜缘，刺激表达MHC-Ⅱ类抗原的细胞增殖，如炎性细胞、成纤维细胞和血管内皮细胞，使其转化为抗原递呈细胞，使变性蛋白产生新的抗原性，随即启动机体体液免疫及细胞免疫，加重角膜损伤[7]。Jan等[15]在试验中也发现，烧伤后3周出现复发性上皮缺损，可能与蛋白酶能趋化炎性细胞，破坏角膜基质有关。由于羊膜本身能产生某些成分抑制蛋白酶活性，因此可通过抑制基质层降解而降低角膜缺损和溃疡的发生率。

参考文献

[1] Pfister RR, Pfister DA. Alkali-injuries of the eye. Cornea, 1997, 1: 2.

[2] Den S, Sotozono C, Kinoshita S, et al. Efficacy of early systemic betamethasone or cyclosporine A after corneal alkali injury via inflammatory cytokine reduction. Acta Ophthalmologica Scandinavica, 2004, 82(2): 195-199.

[3] Heiligenhaus A, Berra A, Foster CS. CD4+ Vβ8+ T cells mediate herpes stromal keratitis. Current Eye Research, 1994, 13(10): 711-716.

[4] 张泺, 邱良秀, 沈远平. 兔角膜碱烧伤的病理和纤维连接蛋白变化. 眼科新进展, 2000, 20(2): 108-109.

[5] 王一, 陈小军, 陈莉, 等. 人多核白细胞胶原酶潜酶活化的实验研究. 眼科研究, 1994, 12(4): 233-235.

[6] Sosne G, Szliter EA, Barrett RP, et al. Thymosin beta4 promotes corneal wound healing and decreases inflammation in vivo following alkali injury. Experimental Eye Research, 2002, 74(2): 293-299.

[7] 幸正茂, 刘菲, 袁进. 角膜碱烧伤的免疫学机制研究进展. 眼科杂志, 2010, 28(8): 796-800.

[8] Wang MX, Gray TB, Park WC, et al. Reduction in corneal haze and apoptosis by amniotic membrane matrix in excimer laser photoablation in rabbits. Journal of Cataract & Refractive Surgery, 2001, 27(2): 310-319.

[9] Kim JAES, Kim JAEC, Na BKUK, et al. Amniotic membrane patching promotes healing and inhibits proteinase activity on wound healing following acute corneal alkali burn. Experimental Eye Research, 2000, 70(3): 329-337.

[10] 胡柯, 赵敏, 张琪, 等. 新鲜羊膜及几种保存羊膜移植治疗角膜碱烧伤. 中国组织工程研究与临床康复, 2008, 12(5): 857-860.

[11] Seta F, Patil K, Bellner L, et al. Inhibition of VEGF expression and corneal neovascularization by siRNA targeting cytochrome P450 4B1. Pmstaglandins Other Lipid Mediat, 2007, 84(3-4): 116-127.

[12] Ye J, Lee SY, Kook KH, et al. Bone marrow-derived progenitor cells promote corneal wound healing following alkali injury. Graefe's Archive for Clinical and Experimental Ophthalmology, 2008, 246(2): 217-222.

[13] 郑晓汾, 冯克孝, 李冰, 等. 兔角膜碱烧伤后不同时期的组织病理学变化. 国际眼科杂志, 2005, 5(3): 449-450.

[14] 林荣霞, 杨德旺, 郭峰. 兔眼前节碱烧伤免疫机理的研究. 中华眼科杂志, 1996, 32(6): 457-459.

[15] Jan SK, Jan CK, Byoung KN, et al. Amniotic membrane patching promotes healing and inhibits proteinase activity on wound healing following acute corneal alkali burn. Experimental Eye Research, 2000, 70(3): 329-337.

犬干细胞临床治疗研究进展

于泳 钟友刚* 施振声

中国农业大学，北京，100193

摘要： 干细胞是在动物胚胎和成体组织中能进行自我更新和具有分化潜能的细胞。根据干细胞所处的发育阶段可分为两大类：胚胎干细胞和成体干细胞。成体干细胞包括造血干细胞、骨髓间充质干细胞、脐带血干细胞、神经干细胞、脂肪干细胞等。最近几年，兽医行业和动物医学领域的飞速发展带动了干细胞研究在小动物医学上的进展，并且因为伴侣动物（犬）的身体构造和疾病（尤其是遗传病）与人类相似，所以常被用作干细胞研究上的实验动物，这也使得干细胞治疗在小动物临床上有惊人的进步。

关键词： 干细胞，犬，临床治疗

Abstract: Stem cells in animal embryos and adult tissues can have self-renewal and differentiation potential of cells. According to the developmental stage of the cells can be divided into two categories: embryonic stem cells and adult stem cells. Adult stem cells include: hematopoietic stem cells, bone marrow mesenchymal stem cells, umbilical cord blood stem cells, neural stem cells, adipose derived stem cells, etc. In recent years, the rapid development of veterinary and animal medical field led to the stem cell research in small animal medicine progress, and because of companion animals (dogs) body structure and disease (especially genetic disease) are similar to that of humans, so often used as stem cell research in experimental animals, which also makes the stem cell therapy have amazing progress in the small animal clinic.

Keyword: stem cells, canine, clinical treatment

干细胞是在动物胚胎和成体组织中能进行自我更新和具有分化潜能的细胞。根据干细胞所处的发育阶段可分为两大类：胚胎干细胞和成体干细胞。胚胎干细胞是一种高度未分化细胞，它具有发育的全能性，能分化出成体动物的所有组织和器官，包括生殖细胞；成体干细胞存在于成年动物的许多组织和器官，如表皮和造血系统，是具有修复和再生能力的细胞。

成体干细胞的起源可追溯至多伦多大略癌症研究所(Ontario Cancer Institute)，Ernest McCulloch 和 James Till 在1963年发表了两篇突破性的文章，发现小鼠骨髓内存在可自我更新的细胞，认为这些细胞是干细胞[1,2]。

这就是最早的成体干细胞——造血干细胞(HSCs)。在此之后的20世纪60年代晚期和70年代早期，成体干细胞领域进入了快速发展，通过骨髓移植或HSCs浓缩治疗重度免疫综合征[3]。60年代晚期见证了骨髓间充质干胞（BMSC）的发现[4]。1978年，在人类脐带血中发现了HSCs，称之为脐带血干细胞[5]。1992年，Reynolds 和 Weiss 对鼠科动物纹状体的研究又使成体干细胞家族增加了一位新成员——神经干细胞(NSC)[6]。直到2001年，Zuk等发现了脂肪干细胞(ASCs)[7]。

最近几年，兽医行业和动物医学领域的飞速发展带动了干细胞研究在小动物医学上的进展。并且，因为伴

通讯作者

钟友刚　中国农业大学动物医学院产科教研组，北京。联系方式：zhongyougang@126.com。
Corresponding author: Yougang Zhong, Obstetrics group, Veterinary Medicine College, China Agriculture University, Beijing. E-mail: zhongyougang@126.com.

侣动物（犬）的身体构造和疾病（尤其是遗传病）与人类相似，所以常被用作干细胞研究上的实验动物，这也使得干细胞治疗在小动物临床上有惊人的进步。

1 干细胞治疗心肌梗死

1.1 干细胞治疗心肌梗死 目前，诸多国内外学者均对干细胞移植技术进行了研究，干细胞移植技术能够把供体干细胞移植到损伤的心肌组织中，修复损伤坏死的心肌细胞，同时还能在局部积聚诱导血管新生。该技术为急性心肌梗死的有效治疗指明了一个崭新的方向，但其效果会受到移植干细胞存活率、分化率及靶向性等限制。

有研究表明，超声造影剂中微气泡可加强空化效应，从而促进超声生物效应，利用超声微介导术能够提高移植干细胞存活率、分化率及促进心肌梗死区域内血管的新生，其主要机理在于超声介导微泡空化效应靶向传输[8,9]。

目前，许多研究将干细胞或基因经导管注射到缺血心肌中，诱导心肌再生和血管新生，改善心功能；既往研究[10,11]已证实了心肌内注射途径的可行性。最初经导管心肌内注射技术采用X线引导，不能监测注射深度，且有造成心包压塞的风险。为减少手术操作中的射线暴露和实时引导注射，近年来常应用其他影像学方法。有学者[12,13]将MR技术用于引导心腔内导管，图像重建延迟时间较长，且对搏动的心脏进行实时监控较为困难。采用超声引导注射，心腔内超声通过外周血管进入心腔直接成像，可避免肺部气体及邻近组织对成像的影响，并能实时成像；但现有的心腔内超声不能监控注射针位置，仅能作为辅助手段[14]。近年来临床主要选择NOGA系统对缺血心肌进行电标测[15,16]，于梗死边缘区注射细胞，这一系统也是依靠X线引导，存在一定不足。杨亚等[17]自行设计开发了一款多功能心腔内导管系统，试图通过可视化超声引导导管进入心腔，并实时监控注射针位置，不仅有注射功能，还具有诊断功能；与多重导管设置相比，可减少经心内膜的复杂操作；全程采用超声引导，可避免射线损伤。

1.2 干细胞治疗缺血性二尖瓣关闭不全 急性心肌梗死常常引起中度到重度缺血性二尖瓣关闭不全。心梗后二尖瓣功能的下降原因，常是因为具有完整舒缩功能的心肌细胞数量的丧失，及梗死心肌纤维结缔组织瘢痕的形成和扩大，严重影响左心室前、后组乳头肌的功能所致。干细胞或其他种类的细胞植入急性心肌梗死的心肌后，外来细胞在分化、生长、发育过程中，抑制了缺血乳头肌肌细胞纤维化之后形成的胶原纤维的融合及纤维结缔组织瘢痕的形成和扩大，明显改善了二尖瓣启闭功能。

卫洪超等[18,19,20]将犬自体骨骼肌干细胞植入发生急性心肌梗死的心肌中，对犬二尖瓣功能进行了观察，发现试验组种植干细胞后，通过心肌再生、血管再生、神经再生及心肌心室壁的弹性回缩功能得到保护，室间隔无明显变薄及矛盾运动，乳头肌瘢痕化损伤相对较轻，不致发生二尖瓣关闭不全。

徐赤崙等[21]采用结扎犬 LAD 的方法复制了犬的心肌梗死模型，将同种异体脂肪干细胞移植入心肌梗死模型犬的心外膜下，通过超声心动图和血流动力学检查，证明了脂肪干细胞移植术可改善心肌梗死后犬的心脏功能，并初步探讨其可能机制为：移植细胞可分泌多种因子抑制细胞凋亡，减少非梗死区胶原沉积而减少心室扩张，改善心室重构。

2 干细胞治疗骨科疾病

2.1 干细胞对牙周骨缺损再生的影响 牙周病是导致牙齿松动脱落的主要原因，严重影响患者生活质量。牙周病治疗的最终目标是重建因牙周病而丧失的支持组织，因而再生新的牙槽骨尤为重要。近年来，国内外学者尝试用引导牙周组织再生术、釉质基质蛋白诱导、生长因子诱导及骨移植等方法来修复缺失的牙周组织，但对大面积牙周骨缺损，因病损部位再生细胞量少而修复有限。组织工程技术为牙周缺损的修复重建提供了新思路，即取少量种子细胞经体外扩增后与组织相容性良好的生物材料复合，种子细胞在三维空间支架中生长繁殖，在生长因子的参与下，最终构建出具有生物活性的组织来修复牙周支持组织，避免取骨，达到"无"损伤修复牙周缺损的目的[22]。许春娇等[23]发现黄芪多糖具有促进牙周缺损部位骨形成作用，以BMSCs为种子细胞、黄芪-壳聚糖/聚乳酸为支架的组织工程复合物修复水平型牙周骨缺损可获得部分的牙周组织再生。

2.2 干细胞修复牙槽嵴裂 牙槽嵴裂是唇腭裂常见的伴发畸形，表现为牙槽突骨质缺损、牙弓完整性丧失、口鼻瘘及由于鼻翼基底部缺乏骨组织支持而出现鼻翼塌陷等畸形。牙槽突裂植骨术是将植入骨充分地充填到牙槽突裂间隙内及邻近的骨质缺损区，是充分恢复牙槽骨连续性、牙弓完整性、保证恒牙萌出的必要条件。临床上常应用自体髂骨骨松质移植修复牙槽嵴裂，但临床上发现不少患者植入骨量不足或植入不到位，难以达到预期的效果。临床尝试应用及研发骨修复材料，此类材料除了具备良好的生物相容性和生物力学性能之外，至少还应具备骨生成、骨诱导和骨传导这3种能力其中之一。目前，尚无一种人工骨替代材料具有自体骨的这3种能力。众所周知，骨髓间充质干细胞具有多项分化潜能，正确的诱导作用下可以分化为骨组织，促进组织骨愈合，但细胞与骨组织直接复合的方法存在细胞利用率低等缺点。近年来研究表明，细胞膜片技术可保护细胞自分泌的细胞外基质、细胞-基质连接及细胞-细胞连接等结构不被破坏，而这些结构对于细胞分化、特异性表型维持、分泌组织形成等功能起着非常重要的作用，另外细胞膜片不仅可以提高种子细胞的种植效率，还可以很好地解决细胞流失的问题。沈悦等[24]研究发现，骨髓间充质干细胞膜片复合自体髂骨松质骨块移植修复牙槽嵴裂，可减少植骨术后骨吸收率，同时可以促进新骨的生成。牛玉梅等[25]发现，犬骨髓间充质干细胞介导羟基磷灰石磷酸三钙可较好地修复犬牙槽骨缺损。袁捷等[26]研究发现，自体成骨诱导骨髓间充质干细胞复合β-磷酸三钙形成的组织工程骨可良好修复犬下颌骨节段缺损。

2.3 干细胞修复口腔中骨缺损 磷酸钙骨水泥是优良的生物支架材料，具有良好的生物相容性和可降解性。胡宜成[27]研究发现，骨髓间充质干细胞可在磷酸钙骨水泥支架材料上很好地黏附、伸展与生长。磷酸钙骨水泥提供了充分的成骨空间，对于维持骨外形和新骨形成的过程起到良好促进的作用。采用组织工程的理论原理，结合引导骨组织再生技术（GBR），骨髓间充质干细胞复合磷酸钙骨水泥支架材有效地促进新骨再生，修复了骨缺损，有利于颌骨高度及宽度的保存，为后期口腔种植修复提供了有益条件。

2.4 干细胞修复尺骨缺损 骨缺损通常由外伤、感染、先天畸形和恶性肿瘤所致，对长段骨缺损的修复是骨科临床的难题。骨髓基质干细胞具有多分化潜能，在诱导因子作用下可向成骨细胞分化，是组织工程骨良好的种子细胞来源，应用前景广阔，最有可能用于临床。经系统处理后的异种骨，具有与骨组织相同的立体空间结构、良好的生物相容性等特点，但单独植入体内，成骨差且很快被吸收。李晖等[28]研究发现，采样骨髓基质干细胞与经系统处理后的牛松质骨复合修复犬尺骨长段骨骨膜缺损，排斥反应少，效果好，能促进负重部位长段骨缺损的修复。

2.5 干细胞修复股骨头软骨缺损 早在1994年国外就有文献报道，研究人员利用体外纯化培养的自体骨髓间充质干细胞，以Ⅰ型胶原为载体修复兔膝关节软骨大面积缺损，并取得良好效果[29]。Bio-gide胶原膜目前应用于临床口腔种植和牙周治疗，具有引导骨再生和促进

软组织愈合的作用。杨飞[30]研究发现，体外分离培养的犬骨髓间充质干细胞可黏附在Bio-gide胶原膜上生长，并可以在一定程度上修复股骨头软骨缺损。胡炜[31]研究发现，通过体外培养骨髓间充质干细胞，以胶原海绵作为支架材料，体外三维复合培养，进行软骨诱导后，可向软骨组织方向分化；将细胞-支架材料复合物植入狗髌股关节面全层软骨缺损处，缺损处有软骨样组织填充用以修复软骨缺损；随着组织工程化软骨植入时间的延长，新生软骨组织有增多的趋势。

2.6 干细胞修复股骨头坏死 股骨头坏死的治疗方法很多，远期效果却都不理想。最近的研究发现间充质干细胞和骨细胞的数量减少或活性降低是导致股骨头坏死的重要原因，然而单纯使用MSCs移植治疗股骨头坏死的效果并不令人满意。已知骨修复的先决条件是血管再生，血管内皮生长因子（VEGF）作为血管内皮细胞的有丝分裂原，不但可以促进血管再生，而且能直接增强成骨细胞的活性，促进成骨细胞趋向位移与分化。目前，已有学者使用VEGF基因质粒或含VEGF-A基因的腺病毒颗粒直接注射以治疗骨坏死的报道，但这两种方法的效果并不稳定。杭栋华等[32]研究发现，与未转基因的间充质干细胞移植相比，转染hVEGF-165基因后的间充质干细胞移植能够增加股骨头坏死区血管的数量，修复股骨头坏死的速度也更快。

2.7 干细胞治疗骨关节炎 王虹人等[33]经体外分离培养获得纯度较高的脂肪干细胞，注射到骨关节疾病患犬的关节腔内，证明脂肪干细胞能够明显改善患犬的临床症状。

3 干细胞治疗糖尿病

3.1 干细胞治疗糖尿病 糖尿病是一种以血糖水平升高为特征的代谢综合征，注射外源性胰岛素虽然可以控制血糖，但是由于其不能模拟内源性胰岛素的分泌机制，血糖控制不易达标并且容易导致低血糖发生。对于胰岛细胞严重受损的患者，虽然可以进行胰腺移植，但是移植供体有限，而且会出现免疫排斥反应。BMSCs不仅可以经诱导分化为胰岛素分泌细胞，还可以分泌多种细胞因子，促进胰岛的修复与再生。BMSCs也可以生成新的血管，增加胰腺血供，促进胰岛的修复。因此，BMSCs在治疗糖尿病方面前景广阔。王立梅等[34]研究发现，将BMSCs经动脉介入移植入糖尿病犬胰腺内，不仅安全、创伤小，还能确保胰腺局部移植细胞的数量。该方法不仅能降低糖尿病犬的血糖，还能升高血清C-肽水平，改善胰岛功能。

3.2 干细胞干预糖尿病下肢动脉再狭窄 糖尿病下肢血管病变是糖尿病常见的严重的慢性并发症之一，目前已经成为非创伤性截肢的首要原因，严重影响了糖尿病患者生活质量。骨髓间充质干细胞可通过干预血清球囊介入成形后血清血管内皮细胞生长因子水平及血管再狭窄中相关机制，在防治糖尿病下肢血管再狭窄中同样有益。成雪等[35]发现，骨髓间充质干细胞联合益气养阴化瘀方比单纯中药治疗在防治糖尿病下肢动脉介入成形后再狭窄中作用更显著，是一种安全有效的防治糖尿病下肢动脉介入成形后血管再狭窄发生的手段。

4 干细胞修复膀胱缺损

近年，组织工程技术的发展为膀胱修复重建提供了新的治疗策略，其基本原理包括种子细胞移植、支架材料研究，以及两者复合构建工程化替代组织来修复和维持器官的正常功能。尽管组织工程技术具有广阔的临床应用前景，但是目前依然存在种子细胞来源不足的问题，特别是当膀胱处于肿瘤、结核或坏死等情况时，我们将无法从自体膀胱组织获取正常的种子细胞，在这些情况下，有必要寻找理想的种子细胞来源。

近来有研究报道，将骨髓间充质干细胞复合小肠黏膜下层脱细胞基质用于猿膀胱的修复重建并取得了令人鼓舞的结果，展示了骨髓间充质干细胞在膀胱修复重建中的巨大潜力[36]。员海超等[37]研究发现，利用自体骨髓间充质干细胞复合膀胱去细胞基质（BAMG）进行犬膀胱缺损修复，得到可喜效果。

5 干细胞修复皮肤创伤

创伤愈合是一个复杂的过程，它需要经过细胞迁徙和增殖、细胞外基质沉积、血管再生和组织重构等一系列复杂的生物和分子水平改变共同作用完成。目前，相关研究报道发现，脂肪干细胞对创伤愈合与组织修复的作用主要体现在对成纤维细胞、新生组织血供、新生皮肤表皮组织的影响。尹玉鑫等[38]发现，犬异体脂肪干细胞可减少炎症反应，促进犬皮肤创伤愈合速度，提高肉芽组织中新生血管密度，增加胶原纤维的分泌量，并且可存在于新生的皮肤组织中。

6 干细胞对神经保护作用

缺血性神经损伤在多种急慢性缺血性疾病中极为常见，其中血栓闭塞性脉管炎、糖尿病性下肢中小血管病变等是造成下肢慢性缺血的主要病因，其涉及血管、神经、肌肉等组织的病变。目前，尚无理想的药物治疗方法，最终需行截肢手术而致残。哈小琴等[39]发现，携带人肝细胞生长因子基因的重组腺病毒修饰的骨髓间充质干细胞局部注射可减轻或阻遏犬后肢缺血后股神经组织损伤，具有一定的神经组织保护作用。

7 干细胞延长活体肝移植存活

活体肝移植后排斥反应是移植术后生存率的最大障碍，免疫抑制剂的应用，可有效地抑制急性排斥反应，但长期应用免疫抑制剂会给移植病人带来增加感染、肿瘤的发生率等危险性。因此，诱导受者对供者器官特异性免疫耐受是解决排斥反应最理想的措施。有报道骨髓间充质干细胞具有免疫调节特性，在体外混合淋巴细胞反应中，能抑制同种异体抗原T细胞增殖，从而诱导免疫耐受延长移植物的存活时间；另外，骨髓间充质干细胞在一定条件下（如肝功能障碍）可以向肝细胞或肝样细胞分化。潘明新等[40]发现，输注自体骨髓间充质干细胞可以延长活体肝移植受体犬的存活时间，经门静脉输注的自体骨髓间充质干细胞可向肝样细胞分化。

8 干细胞对创伤失血后的免疫功能调节作用

创伤失血常导致神经、内分泌、免疫和代谢等系统性调节紊乱，其中免疫功能改变是导致继发感染、系统性炎症反应甚至多器官功能衰竭的重要原因。因此，免疫调节是提高创伤机体抗感染能力和防治系统性炎症反应甚至多器官功能不全的重要措施。创伤、失血等常诱发细胞免疫功能低下和细胞因子网络调节紊乱，诱使创伤感染和系统性炎症的发生。研究表明，创伤、失血可动员部分干细胞进入血液循环，参与补充血液细胞、损伤修复和免疫平衡。骨髓组织中存在CD133+、CD34+和间充质干细胞等多种具有自我更新和分化潜能的不成熟细胞。这些细胞已在体外诱导分化试验、人类疾病的动物模型治疗和临床疾病治疗中证实，具有参与组织损伤修复、造血免疫重建等重要功能。

潘兴华等[41]研究发现，用GM-CSF动员骨髓干细胞具有防治创伤感染和系统性炎症反应的效果。首先是GM-CSF动员可使外周血中的CD133+、CD34+细胞比例快速升高，干细胞在外周血液循环中的滞留相对较短。其次是干细胞动员具有调节免疫功能的作用，可显著提升外周血白细胞、中性粒细胞数量和比例，促进免疫细胞因子的分泌，因此干细胞动员也是一种有效的免疫上调方法。再次是干细胞动员后的淋巴细胞比例和活性下降，并不直接证明淋巴细胞的功能下调，因为淋巴细胞的实际数量增加，而且停止动员后淋巴细胞的比例和活性均恢复正常并有升高趋势，在动员过程中，IL-2浓度显著升高，具有提高或促进免疫功能的作用。

9 干细胞延缓衰老

机体的衰老是一种复杂的生理现象，是由许多因素共同作用导致的。人们对于衰老的诸多机制进行了广泛的研究，其中干细胞减少导致衰老的假说逐渐成为研究的热点。干细胞的衰老学说从根源上解释了衰老的发生，即衰老应该定义为细胞在生长的连续过程中，其细胞潜能逐渐丢失，因此干细胞抗衰老具有很大的潜力；而目前对于"自由基学说"进行的抗氧化研究发现，减少氧化损伤对衰老延缓也起到了一定的作用。王琳琳等[42]通过多次低剂量的干细胞输注，衰老损伤的组织器官得到修复替代和营养支持，从而也减少了氧自由基的产生；番茄红素的抗氧化疗效使得各种抗氧化酶的活性提高，分解过多的自由基使氧化损伤产物减少，发现两者共同作用发挥了显著的抗衰老作用。

参考文献

[1] Becker AJ, McCulloch EA, Till JE. Cytological demonstration of the clonal nature of spleen colonies derived from transplanted mouse marrow cells. 1963.

[2] Zhang J, Shehabeldin A, da Cruz LAG, et al. Antigen receptor–induced activation and cytoskeletal rearrangement are impaired in Wiskott-Aldrich syndrome protein–deficient lymphocytes. The Journal of experimental medicine. 1999, 190(9):1329-1342.

[3] Lin DG, Kenny D, Barrett E, et al. Storage conditions of avulsed teeth affect the phenotype of cultured human periodontal ligament cells. Journal of periodontal research. 2000, 35(1):42-50.

[4] Friedenstein AJ, Petrakova KV, Kurolesova AI, et al. Heterotopic transplants of bone marrow. Transplantation. 1968, 6(2):230.

[5] Broxmeyer HE, Cooper S, Hangoc G, et al. Human umbilical cord blood: a clinically useful source of transplantable hematopoietic stem/progenitor cells. The International Journal of Cell Cloning. 1990, 8(S1):76-91.

[6] Reynolds BA, Weiss S. Generation of neurons and astrocytes from isolated cells of the adult mammalian central nervous system. Science. 1992, 255(5052):1707-1710.

[7] Zuk PA, Zhu M, Mizuno H, et al. Multilineage cells from human adipose tissue: implications for cell-based therapies. Tissue engineering. 2001, 7(2):211-228.

[8] 香丽萍,穆玉明. 靶向超声造影剂在干细胞移植中的研究进展[J]. 海南医学,2015,06:843-846.

[9] 凌智瑜. 超声辐照微泡诱导心肌微环境改变联合骨髓间充质干细胞移植促进梗死心肌血管新生研究[D].重庆医科大学,2010.

[10] Gwon HC, Jeong JO, Kim HJ, et al. The feasibility and safety of fluoroscopy-guided percutaneous intramyocardial gene injection in porcine heart. Int Cardiol, 2001,79(1):77-88.

[11] Sanborn TA, Hackett NR, Lee LY, et al. Percutaneous endocardial transfer and expression of genes to the myocardium utilizing fluoroscopic guidance. Catheter Cardiovasc Interv, 2001,52(2):260-266.

[12] Saeed M, Martin AJ, Lee RJ, et al. Mr guidance of targeted injections into border and core of scarred myocardium in pigs. Radiology, 2006,240(2):419-426.

[13] Dicks D, Saloner D, Martin A, et al. Percutaneous transendocardial VEGF gene therapy: MRI guided delivery and characterization of 3D myocardial strain. Int J Cardiol, 2001,143(3):255-263.

[14] Park SW, Gwon HC, Jeong JO, et al. Intracardiac echocardiographic guidance and monitoring during percutaneous endomyocardial gene injection in porcine heat. Hum Gene Ther, 2001, 12(8):893-903.

[15] van Ramshorst J, Bax JJ, Beeres SL, et al. Intramyocardial bone marrow cell injection for chronic myocardial ischemia: A randomized controlled trial. JAMA, 2009,301(19):1997-2004.

[16] van Ramshorst J, Atsma DE, Beeres SL, et al. Effect of intramyocardial bone marrow cell injection on left ventricular dyssynchrony and global strain. Heart, 2009,95(2):119-124.

[17] 杨亚,黄晶,钱俊,郭睿,蔡恒辉,杨金耀,成正辉. 多功能心腔内导管移植骨髓干细胞治疗犬心肌梗死[J]. 中国医学影像技术,2012,09:1615-1618.

[18] 卫洪超,朱洪生,崔世涛,钟弘,张臻,童菊芳. 干细胞移植对犬缺血性二尖瓣关闭不全影响的研究[J]. 中国现代医学杂志,2003,15:34-36.

[19] 卫洪超,朱洪生. 干细胞移植改善犬心输出量及每搏量机制的研究[J]. 中国现代医学杂志,2003,14:41-43+49.

[20] 卫洪超,蔡萍,闫保君,乔晨晖,郏兴义,赵文增,赵松. 骨骼肌干细胞移植对犬缺血心肌结构的影响[J]. 中华老年心脑血管病杂志,2002,05:333-336.

[21] 徐赤裔,周建庆,方建江,廉孝芳. 干细胞移植治疗实验犬心肌梗死后心力衰竭的作用[J]. 浙江医

学,2007,09:931-934.

[22] Bartold PM, Mcculloch CAG, Narayanan AS, et al. Tissue engineering: A new paradigm for periodontal regeneration based on molecular and cell biology[J]. Periodontology,2000,24:253-269.

[23] 许春姣,郭峰,高清平,吴颖芳,翦新春,彭解英. 骨髓基质干细胞与黄芪-壳聚糖/聚乳酸支架对犬牙周骨缺损再生的影响[J]. 中南大学学报(医学版),2006,04:512-517.

[24] 沈悦,马海英,张彦升,王娟,时炳正.骨髓间充质干细胞膜片复合自体髂骨移植修复牙槽嵴裂[J]. 中国组织工程研究,2014,50:8108-8112.

[25] 牛玉梅,陈野,李艳萍,赵尔杨,曹涛,刘会梅,王爽,姜凌云. 犬自体骨髓间充质干细胞介导HA-TCP修复牙槽骨缺损的实验研究[J]. 口腔医学研究,2012,01:9-11.

[26] 袁捷,祝联,刘广鹏,许锋,翁雨来,崔磊,刘伟,曹谊林. 自体骨髓间充质干细胞复合β-磷酸三钙修复犬下颌骨节段缺损[J]. 中华创伤杂志,2006,09:663-668.

[27] 胡宜成. 犬骨髓间充质干细胞复合磷酸钙骨水泥修复骨缺损的实验研究[D].安徽医科大学,2014.

[28] 李晖,刘丹平. 犬骨髓基质干细胞与异种骨复合修复自体尺骨缺损[J]. 中国组织工程研究与临床康复,2007,32:6330-6333.

[29] Wakitani S, Goto T, Pineda SJ, et al. Mesenchymal cell-based repair of large, full-thickness defects of articular cartilage [J].J Bone Joint Surg (Am), 1994, 76:579-592.

[30] 杨飞. 犬骨髓间充质干细胞复合Bio-gide胶原膜修复股骨头软骨缺损的实验研究[D].遵义医学院,2013.

[31] 胡炜. 自体骨髓间充质干细胞复合胶原材料修复狗关节软骨缺损的实验研究[D].四川大学,2006.

[32] 杭栋华,阎作勤,郭常安,夏天,梁昌详. VEGF-165基因修饰的骨髓间充质干细胞移植修复犬股骨头坏死[J]. 复旦学报(医学版),2007,06:806-811.

[33] 王虹人,周露云,施振声,曾申明. 异体脂肪干细胞用于

犬骨关节疾病的临床治疗研究[J]. 养犬,2014,01:10-13.

[34] 王立梅,崔晓兰,丁明超,窦立冬,李倩倩,王意忠. 自体骨髓间充质干细胞经动脉介入移植治疗犬糖尿病[J]. 中国组织工程研究,2012,19:3545-3550.

[35] 成雪,王意忠,丁明超,崔晓兰,王斌,王嘉,时瀚,王立梅. 骨髓间充质干细胞联合益气养阴化瘀中药干预糖尿病下肢动脉再狭窄模型犬[J]. 中国组织工程研究,2014,18:2872-2879.

[36] Sharma AK, Bury MI, Marks AJ, et al. A nonhuman primate model for urinary bladder regeneration using autologous sources of bone marrow-derived mesenchymal stem cells. Stem Cells,2011;29(2):241-250.

[37] 员海超,唐寅,白云金,李金洪,蒲春晓,王坤杰,李虹,魏强,韩平. 自体骨髓间充质干细胞复合膀胱去细胞基质修复犬膀胱缺损的实验研究[J]. 四川大学学报(医学版),2015,01:1-5.

[38] 尹玉鑫,施振声,曾申明. 犬脂肪干细胞在犬皮肤创伤修复中的作用[A]. 中国畜牧兽医学会小动物医学分会、中国畜牧兽医学会养犬学分会.第十五次全国养犬学术研讨会暨第七次全国小动物医学学术研讨会论文集[C].中国畜牧兽医学会小动物医学分会、中国畜牧兽医学会养犬学分会:,2013:6.

[39] 哈小琴,杨志华,郭馨云,邓芝云,姜东红,董菊子,赵勇,李晓云. HGF基因修饰的间充质干细胞对犬后肢缺血后股神经的保护作用[J]. 中国微侵袭神经外科杂志,2014,01:36-39.

[40] 潘明新,侯外林,张清军,龚独辉,程远,简国登,高毅. 输注自体骨髓间充质干细胞延长犬活体肝移植存活的实验研究[J]. 南方医科大学学报,2009,09:1783-1786.

[41] 潘兴华,陈克久,行治国,杨勇琴,屈璐,赵熠,庞荣清,蔡学敏. 骨髓干细胞动员对创伤失血犬免疫功能的调节作用[J]. 西南国防医药,2010,07:703-707.

[42] 王琳琳,崔晓兰,时瀚,成雪,刘佳,申义,李倩倩,王意忠. 人脐带间充质干细胞联合番茄红素延缓比格犬的自然衰老[J]. 中国组织工程研究,2014,45:7239-7245.

龙猫子宫脱出的手术治疗和护理

郭馨阳　张拥军*

北京荣安动物医院，北京，100183

摘要： 子宫角前端部分或者全部翻到子宫腔或者阴道内称做子宫内翻，当子宫全部翻出于阴门外称做子宫脱出，两者是同一病理过程的不同疾病程度。龙猫的子宫脱出现在已知的病因可能和该龙猫产后强烈努责、外力牵拉及子宫迟缓有关系。当确定子宫脱出的时间已久，无法将子宫送回；或者子宫有严重的损伤以及坏死，将子宫整复后有引起动物全身感染、甚至导致死亡的风险，则需要将脱出的子宫切除。

关键词： 龙猫，难产，子宫脱出，子宫卵巢摘除术

Abstract: Uterine inversion in Chinchillas are occasionally encountered in exotic practice. Depending on the various degrees of the inversion, treatment choices vary from topical cleansing along to surgical corrections with medical therapy. The causes of the inversion should always be examined and eliminated for the prevention from recurrence.

Keyword: Chinchilla, dystocia, uterine inversion, prolapse

1 病例情况

雌性龙猫，一岁十个月，妊娠113d，体重0.67 kg。就诊前一天，雌龙猫分娩出一只龙猫后，部分子宫角脱出阴门外。幼龙猫出生后1h左右，因呼吸衰竭已经死亡，饲主在家自己尝试将垂脱的子宫推回腹腔，但是很快就又脱出，脱出的子宫被龙猫咬破。

2 临床检查

龙猫精神沉郁，乏力无神。心率220次/min，呼吸40次/min，体温（肛温）38℃。到医院时，龙猫已经停止努责，垂脱子宫的肌肉层和浆膜层被咬穿，眼观可见子宫有部分坏死。触诊可以摸到有一个胎儿龙猫靠近子宫破口处，羊膜已经破裂。

3 诊断及治疗

进行X线拍片，发现该龙猫体内还有3个胎儿待娩出（图1）。

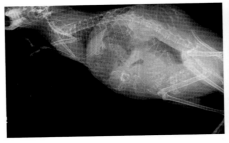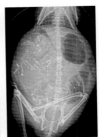

图1　显示该龙猫子宫内还有3个胎儿

由于发生难产并伴有子宫脱垂，必须实施剖宫产手术

通讯作者

张拥军　北京荣安动物医院院长。联系方式：914799612@qq.com。

Corresponding author Dr. Bruce Zhang, Beijing Rong Animal Hospital. E-mail: 914799612@qq.com.

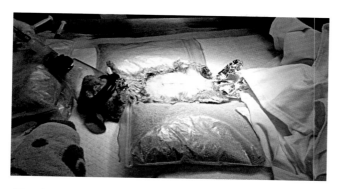

图2　就诊龙猫进行吸入麻醉及保定

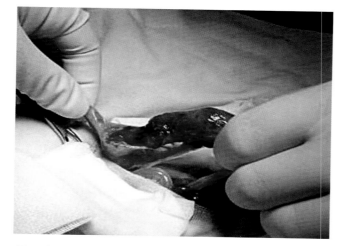

图3　术中寻到龙猫的子宫角

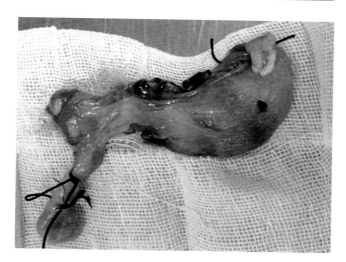

图4　摘除的子宫、卵巢

图5　缝合后的术野

态。手术过程中要做好动物的保温工作，腹部剃毛、常规消毒。从破损的子宫处将羊膜破裂的小龙猫冲洗后推回子宫。将脱出的子宫先在体外结扎，用大量生理盐水冲洗后以碘伏消毒。

龙猫术中取仰卧位，从气孔下方1cm沿腹中线切开皮肤，切口约4cm，小心剪开腹壁肌肉，注意避开盲肠。将子宫小心地从腹腔中提拉出，轻柔地双重结扎双侧卵巢动静脉和其悬韧带，然后切断组织。将结扎过的被咬坏的子宫组织拉回体内，双重结扎子宫颈和伴行动静脉后，再进行切断。助手小心将子宫角剪开，迅速取出尚在子宫内的龙猫胎儿，撕开羊膜，将龙猫胎儿从体内娩出。取出的龙猫胎儿需结扎脐带后剪断，擦净身体并保温。同时将雌性龙猫各器官复位，小心闭合腹壁肌肉，缝合皮肤。最终，三个龙猫胎儿，仅有羊膜破裂时间过长的一只死亡，另两只存活。

停止吸入异氟烷并给予氧气后，雌龙猫很快苏醒。幼龙猫放回雌龙猫身边。第2天，龙猫主人带龙猫过来医院复诊，幼龙猫和雌龙猫状态都良好，雌龙猫也开始正常哺乳幼龙猫（图6至图8）。

术后，连续3d进行皮下输液，给予止疼药和抗生素，补充营养草粉。术后1周主人带龙猫复诊，龙猫恢复情况良好。

4　小结和讨论

子宫脱出是母畜产后经常发生的一种产后疾病，在不同动物中有不同的发病率。有的动物在生产后的几小时内脱出，多数动物发生子宫脱出的时候多是分娩的第3期。子宫脱出的病因已知的有强力努责、外力牵拉和子宫迟缓等有关。

并进行子宫卵巢摘除术（图2至图5）。

术前给龙猫10ml的温生理盐水进行皮下输液、吸氧，以及其他术前药物：包括抗生素、止痛药、镇静剂。1h后使用异氟烷进行诱导麻醉，并随即低剂量维持麻醉状

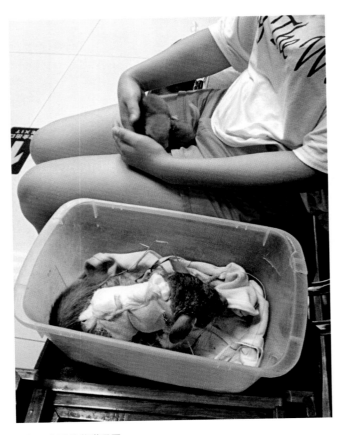

图6 产后的龙猫母子

图7 产出的两只健康小龙猫

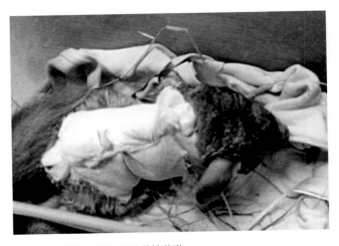

图8 术后进行支持治疗的雌性龙猫

本病例中，母龙猫所在的家中还有一直散养的德国牧羊犬，并且难产还可能与分娩期间雌龙猫没有与雄龙猫分笼饲养有关。这些外界的影响因素，导致雌龙猫躁动不安，异常努责。在母畜生产时，需要一个相对安静并且安全的环境，否则会导致母畜生产困难、出现产后疾病的概率升高，甚至有的母畜还有可能伤害新生幼畜。所以在发现动物妊娠后期，渐渐进入生产的阶段，需要及时给妊娠动物提供一个安静而安全的生产环境。

已经发生了子宫内翻或者脱出，则根据其严重程度采取不同的措施，有时轻度的子宫内翻在子宫复旧的过程中可能自行复原。而有些动物甚至没有明显症状，这就需要主人、医生或者护理人员对动物进行细致而全面的观察，认真对比健康动物及发病动物的各项生理指征和行为，在发现异常时及时引起重视和关注，确保动物的健康。

当子宫脱出后，在复位困难、子宫脱出时间很久、子宫内膜有破损，复位对于动物来说反而有风险的时候，则要考虑施行子宫卵巢摘除术，并且给予抗生素、止疼药等进行治疗。手术前需要进行临床检查并仔细评估动物的身体状况，术前先给与支持治疗以提高动物体质。

对于小型草食哺乳动物，因为个体娇小，相对体表面积较大，术前需要精确计算体重，来计算药物使用剂量，在麻醉的时候注意保温和监护，术后注意保护伤口，不要让动物舔咬，确保动物早日康复。

参考文献

赵兴绪. 兽医产科学第4版. 北京: 中国农业出版社, 2013,1: 353-357.

Mark A. Mitchell, & Thomas N. Tully, Jr. Manual of Exotic Pet Practice. St. Louis, Missouri: Saunders- ELSEVIER, 2009:489-491.

龙猫胃肠胀气的诊治经验

马晓晨* 金晓洁

北京悠然爱宠国际动物医院，北京，101300

摘要： 夏季是龙猫最容易发生疾病的季节，其中尤以胃肠疾病的发生概率最大[1]。常见的龙猫胃肠道疾病包括胃胀气、细菌性肠炎、肠毒血症、肠梗阻等[2]。如果不进行正确的诊断和治疗，在很短的时间内，就会对龙猫造成危及生命的后果。本文中的两只龙猫发病和死亡均发生于7月中旬，其中一例病程约2d，并伴有食欲不振和腹泻症状。结合常规检查、影像学检查和实验室检查后发现龙猫胃部大量积气。进行对症治疗2d后死亡。剖检后发现毛团阻塞幽门诱发死亡。另一病例死亡后在盲肠结肠交界处的U形弯发现毛团阻塞。

关键词： 龙猫，胃肠胀气，部分阻塞

Abstract: Blockage of the GI tract or partial blockage are one of the commone disorder in the Chinchilla practice. Accomulation of gasses in the GI tract duo to blackage or parial blackage are frequently found in cases of the blockage. Real acute emergencies are to be comfronted when this is the case, and prompt treatment with surgical procedures may save the lives of the right case. Here we report two cases of partial blackage diagnosed after neropcies.

Keyword: Chinchilla, GI distention, partial blockage

1 病例情况

病患1为成年雄性黑色龙猫，体重0.6kg，性格比较刚强、胆小，容易生气。

主诉：家中温度基本上稳定在25～26℃，平时以龙猫粮为主，辅助饲喂苹果干、提摩西草等，定期给予化毛膏。发生腹泻前有过阴茎脱出的情况，但是没有进行药物治疗，自行好转。期间有明显的咬毛现象发生，但是及时给予了化毛膏，未见异常。2d之后出现腹泻症状，且较为频繁。食欲、饮欲不良，龙猫粮几乎不食，偶尔进食几口提摩西草，饮水量明显减少。

病患2为成年雄性粉白龙猫，体重0.5kg，性格比较温顺、活泼。

主诉：死亡前未见明显异常，食欲、饮欲降低，排泄不畅快，且粪便颗粒较正常时候小。

2 诊断

2.1 外观检查 病患1体温正常，精神不振，皮肤脱水比较严重。大腿外侧附近有一块毛发明显稀疏，毛根断裂，露出皮肤（图1）。大腿内侧毛发也脱落，露出皮肤。肛门周围毛被粪便污染（图2）。触诊腹部发现胃部、肠道鼓胀。听诊未听到正常的肠鸣音。叩诊腹壁有鼓音。

病患2体表无明显的脱毛，肛周的毛发被粪便污染（图3），死亡前脱水严重。

通讯作者

马晓晨　北京悠然爱宠国际动物医院医师，中国农业大学硕士。联系方式：geli060@126.com。

Corresponding author, Xiaochen Ma, at: the Pampers International Pets Center, master degree by China Agriculture University.

E-mail: geli060@126.com.

图1　病患1缺少毛发的皮肤　　　图2　病患1肛周毛发被污染　　　图3　病患2肛周毛发被污染

2.2 影像学检查

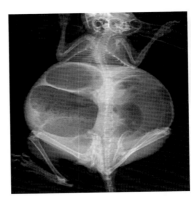

图5　右侧位片，显示胃肠大量积气，左侧腹壁明显突出，胸腔内脏器被挤压，左侧腹壁高出脊背1～1.5cm

图4　背腹位正位片

2.3 实验室化验检查　因为病患1发生了脱水，外周血管不充盈，而且考虑龙猫极易发生应激反应，先对其进行了粪便检查。

- 粪便外形观察：正常粪便是软硬适中的椭圆形粪粒。此猫粪便呈绿色糊样，有部分黏在肛门周围。
- 粪便显微镜下检查：有大量活跃杆菌和球菌，未见寄生虫虫卵和贾滴虫。

2.4 诊断　初步诊断是因为肠道菌群紊乱引起的腹泻，并且导致胃肠道蠕动缓慢，继发了胃部胀气。但是不排除胃肠道内有异物造成了阻塞，因为病患1情况危重，所以首先采取对症治疗的方法。

3 治疗方法

3.1 消胀　二甲硅油片半片碾碎，混入2ml甘油中，口服。

3.2 补液　复合生理盐水10ml，混合2ml复合维生素

注射液，温水加热，皮下注射。

3.3 止泻　白陶土1袋，每次1/10袋，1d1次，口服；干酵母片1片，每次1/8片，1d1次，口服。

4 结果与讨论

4.1 剖检结果　病患1治疗后第2天上午回访，主诉该龙猫食欲、饮欲依然不佳，腹泻好转，当时医生建议主人可以轻柔地按摩龙猫腹部，促进胃内气体排出。当天下午主人打电话说龙猫死亡，后医生与其沟通，主人同意将其带回医院进行尸体解剖。

剖检发现病患1经过治疗胃部气体已经排出，肠道无内容物，其他器官无明显变化。取出胃内容物后发现胃内均是长度2.5～3cm的圆形团块（图6），进一步分离发现团块均由毛发组成（图7），基本确定病患1是由于毛团阻塞胃部引起死亡。

图6　病患1胃部内容物　　　图7　病患1胃内容物含有的毛团

病患2剖检后，胃内未发现异物，但肠道内充满大量气体，且肠管很薄。在盲肠与回肠交接处的U形回弯处发现异物堵塞（图8）。异物呈条状，长度为3～4cm（图9），拨开后发现里面全部是毛发（图10）。确定异物是长期累积的毛发。

图8　病患2的肠管壁很薄，有少量气体　　　　图9　病患2的肠内容物　　　　图10　病患2肠道内毛团

4.2　结论与分析　根据两只龙猫的解剖结果，得出以下几点：

- 形成胀气原因：对于这两只龙猫来说，胀气是因为胃肠道内有异物，龙猫食欲下降，而厌食的龙猫会在短短8～12h就出现菌群失调的情况，产生大量的气体，造成胃内和肠道内气体的滞留。

- 形成堵塞位置不同的原因：黑猫的毛团集中在胃部，说明是在短时间内食入大量毛发，可能与之前阴茎脱出造成龙猫心情不佳咬毛有关。病患2的毛团集中在U形回弯处，且体表没有明显脱毛，说明是平时自己梳理毛发将毛发带入，后在U形回弯处慢慢累积，最终形成了毛团。

- 龙猫肠道结构和其他啮齿类动物的区别就在于盲结交接处的变窄的U形回弯。龙猫有着庞大的盲肠，盲肠直径可以达到2cm，甚至更大，几乎是结肠直径的3～4倍，而U形回弯的直径不足0.5cm，十分容易造成异物堵塞[3]。

4.3　讨论　龙猫是一种十分敏感的动物，容易受到惊吓发生应激，所以在接触龙猫时，动作一定要轻柔。正常情况下，龙猫每分钟有1～2次的肠鸣音，听诊时需仔细判别有无肠鸣音及肠鸣音的频率是否正常。建议畜主定期带到医院，请专业医生听龙猫的肠鸣音，以便尽早发现异常，以免延误最佳的治疗时机。在平时饲喂中，要注意食物种类的构成，除了主食之外，要额外的给予粗纤维含量高的植物，如苜蓿草等，这样可以促进毛团排出，同时定期饲喂化毛膏。

轻度胀气时，治疗时可以采取保守疗法，口服消胀药。胀气严重者，一定要检查体表有无大量脱毛的痕迹，并且询问龙猫是否有咬毛史。

保守治疗无效或者胀气严重的时候，需及时进行外科手术，将气体放出，并且仔细查找有无异物，有异物者要全部取出。手术过程同其他动物胃肠道异物取出术，但要格外小心，因为龙猫的肠道很脆嫩，不要将其撕裂。缝合可选用6-0缝合线。因为龙猫不能长时间禁食，所以可以在术后第1天输液和口服葡萄糖，第2天开始少量饲喂龙猫粮[4]。

龙猫发生胃肠胀气，异物堵塞占很大比例。所以建议主人们平时要非常注意龙猫的生活习性是否发生改变，如突然受到惊吓后，出现自残咬毛的现象；或者换毛季节到来，龙猫掉毛量增加，这些都有可能导致毛发在胃肠道内缠绕形成团块。此时需要及时进行就诊。

参考文献

[1]　小动物临床手册，施振声主译．第4版．中国农业出版社，2004.12.

[2]　Merry CJ:An introduction to chinchillas, Vet Tech,1990,11(5):315-322.

[3]　Richardson VCG: Chinchillas: systems and disease. In Richardson VCG,editor:Diseases of Small Domestic Rodents,Oxford,UK,2003,Blackwell.

[4]　Kraft H: Disease of chinchillas, Neptune City,NJ,1987,TFH.

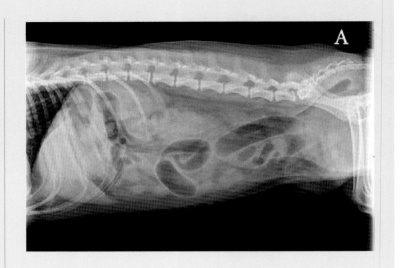

诊断小测试

你的诊断是什么？

病史

　　已绝育玛尔济斯犬，5岁，雌性，由于急性呕吐前来急救中心，持续3d食欲不振。在犬的左侧腹股沟部有包块，且在过去的3个月内呈持续增大。临床检查发现犬反应灵敏，触诊腹部柔软，未发现有腹痛迹象。左侧腹股沟区，直接触诊，有坚实感，且有疼痛反应。该犬PCV较高，为60%（参考范围37%～55%），总蛋白浓度9.0 g/dL（参考值范围 5.0～7.4 g/dL）。血清生化结果，乳酸盐（3.9mmol/L；参考值范围，0～2 mmol/L）和葡萄糖（140 mg/dL；参考值范围，70～118 mg/dL）高。建议进行腹部影像学检查（图1），来判断呕吐的原因。

确定是否需要追加影像学检查或者根据图1做出你的诊断
——结果见P63页

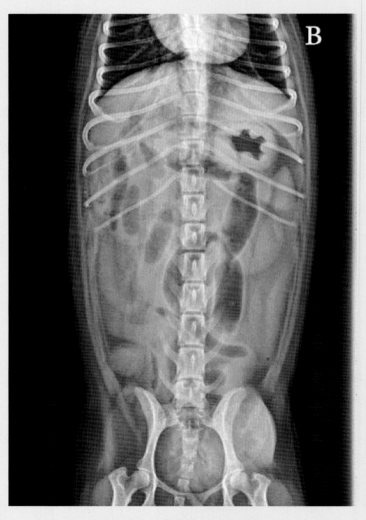

图1　已绝育的5岁玛尔济斯犬腹部的侧位（A）和腹背位（B）X线片，就诊原因：急性呕吐，持续3d食欲不振

犬气管塌陷的临床诊疗

（选自 英国兽医协会 JSAP,2016,57:9-17）

S. W. Tappin*

（译：何冰，校：麻武仁，西北农林科技大学，陕西，712100）

摘要： 气管塌陷在小型中年犬中最为常见。临床症状常随着塌陷程度的加深而加重，从轻度呼吸道刺激、阵发性咳嗽，到呼吸窘迫和呼吸困难。通过X线片、支气管镜或透视检查记录动态气道塌陷，可对该病作出诊断。大多数犬对药物治疗和并发症治疗反应良好。当药物治疗失败或者犬出现呼吸困难时，则需考虑采用外科手术方法进行治疗。现报道有多种外科手术治疗方法，其中腔外放置环形假体及腔内放置支架最常用。这两种技术虽然都具有较好的短期和长期疗效，但均存在许多潜在并发症，手术人员需经过专门培训和具有实际操作经验。

Abstract: Tracheal collapse occurs most commonly in middle-aged, small breed dogs. Clinical signs are usuallyproportional to the degree of collapse, ranging from mild airway irritation and paroxysmal coughingtorespiratory distress and dyspnoea. Diagnosis is made by documenting dynamic airway collapsewith radiographs, bronchoscopy or fluoroscopy. Most dogs respond well to medical managementand treatment of any concurrent comorbidities. Surgical intervention may need to be consideredin dogs that do not respond or have respiratory compromise. A variety of surgical techniques havebeen reported although extraluminal ring prostheses or intraluminal stenting are the most commonlyused. Both techniques have numerous potential complications and require specialised training andexperience but are associated with good short- and long-term outcomes.

1 前言

犬气管塌陷是一种主要发生于中年小型犬和玩具型犬的进行性疾病。是由气管组织黏多糖及细胞减少引起的气管软骨环退化变性，导致了气管背腹扁平化及背侧气管膜松弛。病变的发生可能是局灶性或泛发性，主支气管及末端细支气管的塌陷（支气管软化）也时常发生。其临床症状取决于气管塌陷的严重程度，从轻度呼吸道刺激和典型的阵发性雁鸣式咳嗽，到呼吸窘迫和呼吸困难。许多犬通过适当治疗（包括控制体重，使用胸背带、止咳药、消炎类固醇和支气管扩张剂）得以好转；但是，若病情较严重，气道塌陷的同时伴发有呼吸窘迫，则应考虑使用外科腔外放置假体或腔内放置支架进行治疗。

本文综合论述了犬气管塌陷的病理生理与诊断及可选治疗方案，并对何时适合药物治疗、是否进行内腔或外腔安置支架处理进行了讨论，对每种技术的使用提供了例证说明。

2 气管塌陷的病理生理

气管塌陷的病因复杂，目前对此了解甚少。可能是多因素造成，可由气管环的衰退病症和一些病症引起临床症状。研究表明，气管塌陷犬的气管环透明软骨中的葡糖胺聚糖、糖蛋白及硫酸软骨素含量有所减少（Dallman 等，1985，1988）。气管软骨基质中的结构变化，加上水含量的减少，导致其功能的减弱，大大增加气管塌陷发生的可能性。大约有25%的患犬在6月龄时表现出临床症状，提示该疾病具有先天性（Done等，1970；White和Williams，1994）。许多犬直到生命后期才表现出临床症状，是气管软骨退行性改变的发生及一些不利因素触发了气管塌陷的临床综合征（Done等，1970；Sun等，2008）。其中，触发因素通常与一些临床症状的发生相关，包括气道刺激、慢性支气管炎、喉麻痹、呼吸道感染、肥胖和气管插管（Maggiore，2014），以及推测存在的背侧气管膜弹性纤维和环状韧带发生改变（Jokinen

通讯作者
S. W. Tappin 联系方式：st@dwr.co.uk。

等，1977；Kamata等，2000）。

一旦出现症状，动态气管塌陷将导致气管黏膜持续循环发生慢性炎症变化，且咳嗽能使之恶化。持续的气管黏膜炎症据报道与鳞状上皮化生有关，其导致正常纤毛清除机能受损（Brien等，1966）。这种黏膜变化和皮下腺体的增生，导致黏液分泌增多，使咳嗽成为气管支气管主要的清除机制（White和Williams，1994）。气管塌陷通常发生于小品种犬，且在报告病例中约克夏㹴占1/3～2/3（White和Williams，1994；Buback等，1996）。

其他常见易患气管塌陷犬品种包括微型西施犬、巴哥犬、玛尔济斯犬、吉娃娃和博美犬（Macready等，2007）。并未有报道表明该疾病具有性别倾向。并且，临床症状可发生于任何年龄。大多数犬在其中年时期出现气管塌陷症状，但是很多犬在之前明显期出现过症状。气管塌陷在猫和大型犬中很少见。据报道，有45%～83%气管塌陷病例同时出现了支气管软化现象；并且软化常发生于右中叶和左前支气管（Moritz等，2004；Johnson和Pollard，2010）。大型犬在未发生气管塌陷的情况下可单独发生支气管软化，这提示了气管塌陷与支气管塌陷的病理生理可能并不相同（Moraitou等，2012）。对咳嗽犬进行抽样调查发现，发生动态性气道塌陷犬相比于未发生犬年龄较大且有着更轻的体重和更高的脂肪含量（Johnson和Pollard，2010）。

3 临床表现和诊断

大多数患有气管塌陷的犬是由于其出现阵发性剧烈干咳而前来就诊，这种干咳通常被描述为"雁鸣"（Maggiore，2014）。咳嗽往往是由于兴奋、运动或饮食引起的，并可能伴发有上呼吸道喘鸣。该病通常呈慢性经过，症状在几个星期或几个月内持续发生且不断发展。有些犬会出现由气道阻塞引起的急性呼吸窘迫，这往往是由高温、兴奋、应激或并发的呼吸道疾病（如肺炎）所促发（Beal，2013）。

患犬的临床检查结果往往显示它们超重，但也存在有正常体重的患犬，这取决于气管塌陷的严重程度。患犬的呼吸模式也取决于塌陷发生的位置：胸腔外气管塌陷通常引起吸气困难；而胸内气管塌陷和支气管软化则常引起呼气苦难。由于气管较敏感，进行气管触诊时应小心；有时触诊检查会引起突发性咳嗽。有些情况下，可以通过触诊发现气管结构的异常，如扁平化的气管环。由于胸外气管的狭窄，进行喉区听诊时可能引发喘鸣式上呼吸道吸气杂音。但是，应同时考虑并发喉部麻痹的可能性，据记载有高达30%的病例出现了这种情况（Johnson，2000）。应该进行仔细的胸腔听诊以收集有关并发呼吸系统疾病或心脏疾病的信息。一项对咳嗽犬的研究表明，患有气道塌陷的犬中有17%存在二尖瓣疾病引起的心脏杂音，而在未患气道塌陷犬中该比例仅有2%（Johnson和Pollard，2010）。左心房增大在患气道塌陷犬咳嗽的病因学中所起的作用现在仍存在争议。最近的一项研究记录了一些患有相似位置和严重程度的气道塌陷犬有或没有左心房增大的情况，结果表明其他因素，如气道炎症，也可以是咳嗽的起因，而左心房增大引起的外部压迫并不是唯一原因（Singh等，2012）。气管塌陷通常引发轻微的肝肿大，且有报道发现胆汁酸的升高，这提示肝出现了缺氧病变（Bauer等，2006）。

通过病史调查和临床检查结果一般就可以对气管塌陷作一个很好的推断，但是患病的位置和严重程度则需通过进一步检查来确诊。由于气管塌陷是一个动态过程，所以在读片时应该十分注意各个呼吸阶段的不同表现：即使是气管塌陷严重的犬吸气影像通常显示正常，需要呼气影像与正常影像作为对比（图1）。即使这样，X线片通常低估了气管塌陷的严重性，并且可能漏诊在隆突处发生的气管塌陷（Macready等，2007）。所以，在负压通气条件下拍摄的X线片对诊断更加有用（Weisse，2015）。用X线片对肺野观测以确定是否并发呼吸系统疾

图1　一只约克夏㹴的右侧位片
A. 吸气峰，正压条件，未显示气管塌陷。B. 呼气峰，在胸腔入口处出现明显的气管塌陷。注明：食管内可见明显食管导管

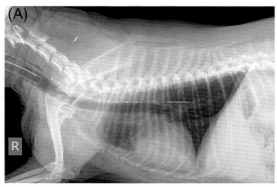
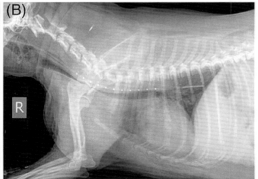

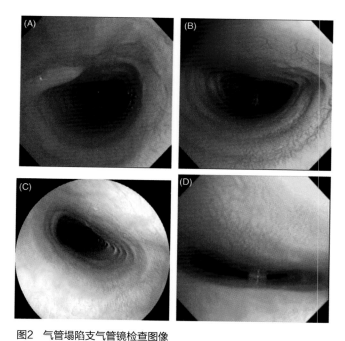

图2 气管塌陷支气管镜检查图像
A. 一级塌陷（25%管腔消失）**B.** 二级塌陷（50%管腔消失）
C. 三级塌陷（75%管腔消失）**D.** 四级塌陷（管腔完全消失）

病是十分必要的。相比于计算机断层扫描，X-线片被认为低估了气管的直径，而确定气管直径对于选择合适的支架规格是十分重要的（Montgomery等，2015）。

如果有条件，透视检查是进行气管塌陷检查非常好的方法，其能够在整个呼吸阶段对气管进行动态、实时监测呼吸过程中各个阶段，以及在咳嗽发生时气管的变化。相比X线片，透视检查已被证明能更加精确地记录气管塌陷的位置，且研究称有8%的犬气管塌陷不能通过X线片显现（Macready等，2007）。通过观察呼吸周期气管空气阴影的变化，超声已经成功地被用于记录实时的、动态的气管塌陷（Rudorf等，1997）。

支气管镜检查可以对气管和下气道结构进行直接动态的检查以确定塌陷的严重程度和发生位置（图2）。支气管镜检查中，塌陷可以分为四级（Tangner和Hobson，1982），且相比透视检查，支气管镜检查能够监测到更细微的支气管变化（Bottero等，2013）。支气管镜检查需要全身麻醉，尽管在负压条件下可以观察气管塌陷的部位和严重程度，但不能在正常呼吸时测量气管直径；吸气时可以检查喉部的功能。常见检查结果包括气道炎症的相关表现，如充血和黏液增多。支气管肺泡灌洗有助于并发下气道疾病的诊断。气管塌陷患犬常出现轻微的中性粒细胞和淋巴细胞浸润，但目前还不清楚炎症反应是出现在气道塌陷之前还是之后（De Lorenzi等，2009；Bottero等，2013）。

4 治疗

首先采取的措施取决于气管塌陷和临床症状的严重程度。如果患犬出现呼吸窘迫，在进行诊断评估和影像学检查之前，首先稳定动物情况十分必要。供给吸入浓度＞40%的氧气，最大限度地减少应激；凉爽的环境可以帮助患犬安定。若需要，用乙酰丙嗪（0.01～0.03mg/kg, IV或IM）或布托啡诺（0.05～0.1mg/kg, IV或IM）进行镇静；单独或联合使用均非常有效。若病情严重，患犬可能需要进行气管插管，且应在此时进行诊断，在这种情况下，外科手术治疗或支架放置比药物治疗更加合适。

4.1 药物治疗
许多犬对药物治疗都反应良好，而那些难以治疗或有严重临床症状的患犬，如发绀、运动不耐或呼吸困难，则应选择外科手术疗法。药物治疗目的在于打破炎症引发咳嗽，咳嗽加重炎症的恶性循环。研究表明，有71%～93%的患犬对药物治疗反应良好，并能够维持12个月以上，且有50%能逐渐减少药量（White和Williams，1994；Ayres和Holmberg，1999）。

气管塌陷患犬中，体重过重的犬占有很大比例；胸腔内脂肪组织的堆积可能会限制胸廓运动及胸壁的顺应性，从而降低呼吸机能。许多犬通过严格的减重方案，包括饮食管理和有限的运动项目，改善了临床症状（Herrtage，2009）。避免和消除吸入性环境刺激物（特别是烟草烟雾）对许多患犬来说也有帮助，虽然可能比较难以达到标准。使用胸背带代替项圈也有助于减轻对气管的压迫及相关刺激。积极治疗并发症，如充血性心脏衰竭和呼吸道感染，对改善临床症状十分有帮助（Maggiore，2014）。此外，任何的上气道狭窄，如继发于短头颅品种的上呼吸道综合征或喉麻痹，均会增加胸腔内压力梯度并使气管塌陷恶化，这种情况下则应充分考虑使用外科手术方法对其进行治疗。

4.1.1 镇咳治疗
在英国，co-phenotrope（含盐酸地芬诺酯和阿托品）一直是犬气管塌陷治疗的主要药物。芬诺酯是一种麻醉性镇咳药；阿托品则据报道用于减少下呼吸道黏液的分泌，并用作毒蕈碱支气管扩张剂。阿托品作为配方中的苦味剂，用于防止麻醉剂芬诺酯的滥用，但其有效量还并未不知晓。虽然并没有临床研究报道称支持其该药物的使用，据称，其对患犬的疗效已被广泛认可（Herrtage，2009）。建议用量为0.2～0.5mg/kg，每12h给药1次。便秘是其可能偶尔发生的副作用（常通过饮食管理或添加粪便软化剂便可很好控制）。由于供应和制造问题，目前并非在所有兽医市场都提供co-phenotrope。

在美国，常用药物为氢可酮，0.22mg/kg，每6~12 h给药1次；而在欧洲，可待因，0.5~2.0mg/kg，每12 h给药1次，布托啡诺，0.5~1.0mg/kg，每6~12 h给药1次，为更加常用的镇咳药物。有意思的是，每个个体有各自的最适药物，需要不停换药，以便找到效果最佳的药物。在英国，因为没有相关许可兽药产品，且人用药片对于小品种患犬来说体积过大，所以给药将是一个问题。将药物做成流体状或者小规格片剂更适合小型品种犬。

4.1.2 类固醇药物

合理使用类固醇药物对许多气管塌陷患犬来说十分有益，因其可以有效地较少气道炎症。这类药物的使用应是有计划性的，比如控制疗程和以最低的剂量控制临床症状，否则在较长时期内其不良反应会恶化临床症状。这类药物的使用可增加细菌感染的风险，使呼吸频率加快，且不利于减轻体重。建议泼尼松龙的初始剂量为0.5mg / kg，每12h给药1次，然后快速逐渐减量为能够控制临床症状的最低剂量。吸入性类固醇药物，如125~250μg氟替卡松，每12 h给药1次，对一些经口服来减少气道炎症的患犬具有一定帮助，但其副作用同时也影响了这些犬的生活质量（Bexfield等，2006；Weisse和Berent，2010）。

最近，一项关于康力龙（一种合成代谢雄性类固醇）的给药进行监测的实验研究表明，其对气管塌陷犬的治疗具有潜在益处。据推测，康力龙可提高蛋白质的合成，增加胶原蛋白的合成和硫酸软骨素含量（Moraitou等，2011）。

4.1.3 支气管扩张剂

在治疗气管塌陷时建议使用支气管扩张剂，因其可以降低呼气时的胸内压力并减轻呼气性气管塌陷（Ettinger，2010）。黄嘌呤甲基类支气管扩张剂（如茶碱15~20mg/kg，每12~24 h给药1次）通过改善黏液纤毛清除功能，并减轻气道隔膜疲劳及增加气道直径对气管塌陷的治疗提供一定帮助（Rozanski等，2007）。β-肾上腺素类支气管扩张剂，如特布他林，被证明是最有用的急救药物。支气管扩张剂对犬气管塌陷的治疗效果还未被充分研究，所以该类药物的引入应被视为一个治疗试验，若未得到改善则停止用药。有些犬，尤其是大龄犬，似乎对甲基黄嘌呤类药物非常敏感。烦躁和焦虑是其常见的副作用，如果这种情况影响到了患犬的生活质量，应立即停药。

4.1.4 抗菌药物

通常不建议使用抗菌药物，除非有并发继发感染引发呼吸道刺激的证据。当决定使用抗微生物剂时，抗支原体感染类药物的使用，如强力霉素，应根据支气管肺泡冲洗液培养结果来确定（Johnson和Fales，2001）。

4.2 手术治疗

如果所有的药物治疗方法均尝试仍不能有效控制临床症状，则应考虑手术治疗。手术治疗的目的在于改善气管的解剖结构使更多的气流能够通过而不破坏黏液纤毛系统（Vasseur，1979）。虽然很多单独使用药物控制未得到良好效果的患犬通过手术改善了它们的生活质量，但手术并不能治愈气管塌陷，所以往往需要继续用药物来控制咳嗽及并发的下气道塌陷。针对每个患犬的情况作出合理治疗很关键，只有当犬患有严重塌陷（二级及以上），才应考虑手术治疗（Sun等，2008）。患病动物年龄对长期疗效也存在影响，据报道，小于6岁的患犬相比于大于6岁的患犬有更好的手术效果，尽管高龄犬的气管塌陷程度更轻（Buback等，1996）。已经报道有各种不同的针对气管塌陷的手术治疗方法，包括气管环软骨切开术和背气管膜折叠术［因报道有气管狭窄的情况出现，现已基本不采用（Fingland等，1987）］、安放腔外气管环假体，以及最近报道的腔内支架放置。

4.2.1 腔外环形假体放置术

采用腔外假体对气管进行外支撑能够使呼吸与咳嗽时的气道直径恢复正常，并且不影响黏膜纤毛系统的机能（Tangner和Hobson，1982）。C形环假体是通过腹部正中通路放置的，需分离胸骨舌骨肌以暴露颈段气管（图3）。辨别甲状腺动脉与舌返神经，并将其与气管钝性分离以方便假体环的放置。假体之间有一定的间距，从前段到胸腔入口处通常间隔2~3个气管环安装一个假体，且与气管软骨与气管肌肉缝合（Nelson，2003）。假体早先是由聚丙烯注射器外壳（Hobson，1976；Fingland等，1987），聚氯乙烯滴灌室（Ayres和Holmberg，1999）制成，目前已有商品化气管假体（Chisnell和Pardo，2015）。螺旋形环也被使用，因为其灵活性，且相比于C形环它能够形成整个圆周的完全支撑。但是，螺旋形环放

图3　对塌陷气管进行腔外假体安放手术（引自Chick Weisse, Animal Medical Centre, 纽约）

置手术被发现会损伤气管侧韧带，包括气管血管，所以人们更偏向于使用单个C形环（Kirby等，1991；Coyne等，1993）。

据报道，有75%～89%的患犬在接受腔外C形假体放置手术后效果良好（Tangner和Hobson，1982；Buback等，1996；Chisnell和Pardo，2015）。体重、性别、品种、塌陷的严重程度和临床症状的持续差别并不影响疗效。随访记录表示，在一组案例中，有72%的患犬在术后6个月到3年内不再需要药物治疗，并能够恢复至正常的运动耐量，且不出现咳嗽（White，1995）。最近研究表明，放置腔外气管环后犬平均存活时间为4.5年（Becker等，2012）。

腔外气管环的放置时常引发相关并发症。在一个有90只患犬的案例调查中，存在5%的围手术期死亡率，约20%的犬需要进行气管切开术（Buback等，1996）。在这组案例中，约31%的犬在术后1个月发生了咳嗽、呼吸困难及喉部痉挛等症状，有56%在术后某个时间点出现了这些症状；23%的治疗犬死于呼吸系统并发症，且有25个月的平均存活时间。早期研究曾报道，在一小部分犬中，手术破坏气管血管导致了坏死的出现（White和Williams，1994；White，1995），但在最近的研究中并未发现相关报道（Becker等，2012；Chisnell和Pardo，2015）。曾经有一案例报道出现过外置气管环的迁移（Moser和Geels，2013）。

由医源性神经损伤导致的术后喉麻痹是腔外气管环放置手术的常见并发症，并且据报道有11%～21%是出现在术后早期阶段（Buback等，1996；Becker等，2012）。出现术后麻痹的患犬中有50%出现在术后早期，主要归因于手术期间损伤了喉返神经，而只有一小部分患犬将喉麻痹发展成慢性并发症，可能是由于长期摩擦、肉芽组织形成或与假体接触造成的（Sun等，2008；Chisnell和Pardo，2015）。据报道，采用气管腔外放置假体的方法同时将左侧勺状软骨侧位移动，术后并发症发生率较低至

图4　一个完全展开的自扩性金属气管支架和另一个完全收起于输送器内的支架，用于说明收起状态的支架长度远大于展开后的支架（A）；一个一半展开一半收起于管套内的自扩性金属气管支架（B）

4%，且75%的患犬的长期疗效良好（White，1995）。但是只有在需要时才进行喉部侧位移动，其他案例均按常规方法进行，因侧位化可能会导致喉部暴露在开放位置而带来并发症（Johnson，2000；Chisnell和Pardo，2015）。

据统计在胸内段气管放置腔外假体可导致较高的死亡率，所以该技术常常仅用于对胸外段气管的支撑（Vasseur，1979；Buback等，1996）。犬颈段气管的腔外支撑常由于并发的胸内段气管塌陷效果变差（Nelson，2003；Gibson，2009），但是最近一项研究表明，胸内气管塌陷对进行了颈段气管腔外假体放置犬的存活率及疗效并未有显著影响（Becker等，2012）。

4.2.2 腔内支架放置术

相比于腔外环形假体的放置，气管腔内支架放置是一种微创手术，且大多数案例能在术后较短时间内得到很好的恢复（Weisse，2015）。许多不同种类的支架被评估用于犬气管塌陷的治疗。其中包括球形扩张式支架（帕尔马滋支架）（Radlinsky等，1997）、自扩性不锈钢支架、网格状支架（图4）和激光切割镍钛合金（Norris等，2000；Gellasch等，2002；Moritz等，2004）。

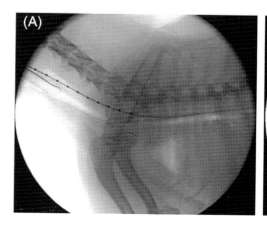
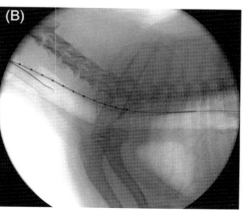

图5　正压条件（＋20 cm水压）下吸气峰右侧位透视图
A. 用此图来确定气管分叉及前部位置标志来测量气管的长度和宽度B. 负压条件（−20cm 水压）透视图，以判断塌陷位置；此图显现整段气管均出现塌陷。备注：食管处可见明显的食道导管

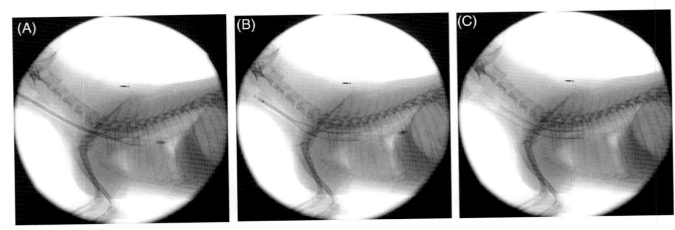

图6　支架在透视镜的导向下开伞
　　A. 支架末端位置需距离气管分支5～10 mm B. 支架在气管内缓慢开伞，若支架未放置到合适位置，可将其再次收拢并调整位置 C. 一旦完全开伞，移走输送器并对支架位置进行确定。支架的后端边缘距离隆突不得小于5 mm，最佳距离为10 mm

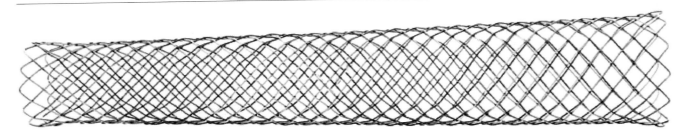

图7　一个锥形网格状镍钛合金支架（引自Infiniti medical）

　　将犬侧卧保定，通过透视导向为犬安放支架。在放置之前，应通过侧位片或在有条件的情况下进行透视检查（图5），对气管的宽度和长度进行测量。支架大小的选择正确与否对放置手术能否成功起着决定性作用。如果规格过小，支架会迁移或者缩短，如果多大，则可能压迫气管壁造成坏死。早先有报道称有很大比例的犬术后出现支架缩短的现象，但近来随着对合适支架规格选择的认识加强，所报道的支架缩短发生率已经从30%下降到11%（Weisse，2014；Moritz等，2004）。现在通常建议使用增大了10%～20%直径的支架以将发生缩短和迁移的风险降到最低（Beal，2013）。

　　在喉部后方放置一个气管插管以确保测量的精确性，并在正压气流时测量测量气管最大直径（+20cm 水压）。随后将此结果与放置于食管的测量导管相比较，以确定放大的效果。塌陷位置的确定在负压条件下进行（-20cm 水压），有可能仅需要在胸腔外或胸腔内放置一个气管支架。大多数临床医师会选择放置一个气管全长支架，因为若首次只针对一段较短区域的塌陷放置支架，那么随着疾病的发展很可能需要再次放置支架。支架放置的位置应至少距离喉部后端5mm，通常以环状软骨作为标

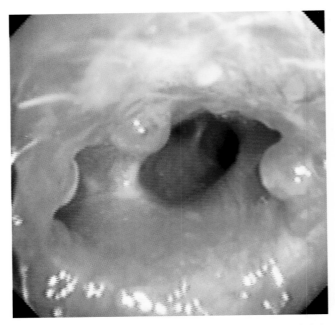

图8　位于支架后部边缘明显的肉芽组织，其对泼尼松龙和抗生素治疗反应良好

记，否则可能会引起喉部痉挛、咳嗽或喉部机能障碍。支架的尾端应距离气管分叉部位至少5mm，若支架安放

位置偏后，其可能会进入主干支气管，导致黏液滞留和并发症的产生（如感染）。为了避免这些潜在的问题，建议支架安放位置为：支架前端距离环状软骨后部10mm，支架后端距离气管分叉10 mm（图6）。

研究表明，有75%～90%接受腔内自扩性不锈钢支架放置术的犬情况得到改善（Moritz等，2004）；12只接受镍钛自扩性金属支架放置术的犬中有10只得到长期的改善，且1年后有9只犬存活，2年后有7只犬存活（Sura和Krahwinkel，2008）。一项以宠物主人为基础的针对18只装有镍钛合金自扩性金属支架犬的调查表明，支架放入后所有犬均表现良好（Durant等，2012）。支架放置并不能治愈气道塌陷，而且宠物主人必须明白长期持续的用药和监控对于取得良好的长期疗效十分必要。

虽然气管支架是用耐久材料制成的，但过度的挤压和移动，如咳嗽所引起的变化，会导致金属疲惫且引发断裂。在案例组中，发生支架断裂的概率相对较高，12只犬中有5只出现这种情况（Sura和Krahwinkel，2008），在安放有镍钛自扩性支架的18只犬中有4只出现了这种情况（Durant等，2012）。随着支架设计的进步，弹性材料制成的伸展性更好的支架的出现有希望降低由于金属疲惫而发生支架断裂的风险（Weisse，2014）。确保支架大小增大不超过20%及有效控制咳嗽可以很好地降低支架断裂的风险。锥形支架的引入使过大支架的使用得以减少（图7），在近段和末段气管直径上有显著的不同（Dhupa等，2014）。当出现支架断裂，在原有断裂支架的内腔中重新放置一个支架可以保持稳定（Ouellet等，2006）。但这在技术操作上存在较大的挑战，穿过断裂支架内腔的导丝必须在支架开伞前确保支架放置的位置是正确处于腔内的。或者，可以选择去除支架使用腔外假体进行替代（Woo等，2007）。

气管内过度炎性组织的形成是支架放置的常见并发症（图8），且据报道有28%～33%的案例会出现这种情况（Moritz等，2004；Durant等，2012）。这种状况通常发生在支架的末端，且很可能与支架的过度移动有关，常见于由咳嗽所导致。有人认为，圆形边缘网格支架的发展及高质量的镍钛合金使炎性组织的生成有所减少，相比于开网式的金属支架。这个观点还未通过严格的证明，也有可能是其他因素，如更合适的支架大小和更有效的镇咳，使该并发症的发生率有所下降。对控制术后咳嗽和炎症的高度重视是抑制炎性组织生成的关键点，这需要使宠物主人明白术后进行持续药物治疗是必须的，且需要进行长期服用。

气管内炎性组织的生长缩小了气管的直径，从而使通过气流量减少，继而出现运动不耐受和呼吸困难等症状。X线片检查能够显现炎性组织的生长，但最好的方法是使用内镜进行检查。大多数过度炎性组织对甾体类固醇药物治疗反应良好，建议使用6～8周［泼尼松龙，初始计量为2mg/（kg·d）］，随后逐渐减少至可以控制临床症状的最低剂量（Scansen和Weisse，2014）。也有报道称口服秋水仙素在一些难治案例中具有一定的帮助（Brown等，2008）。某些情况下，多余肉芽组织可以通过内镜环形电刀切除或激光切除。

5　支气管塌陷

由于软骨的进行性衰退，气管塌陷犬往往并发支气管塌陷。目前，由于支气管内支架有"脱离"至更下端支气管以扰乱黏膜清除机能的可能，其并不经常被采用（Weisse，2010）。此外，随着疾病的发展，低气道塌陷常随之发生，限制了支架的治疗效果。对既患有气管塌陷且同时患有支气管塌陷的犬来说，气管支架的放置有助于增加通过的气流量（图9），特别是在吸气困难为主要症状时（Weisse和Berent，2010）。若由于局灶性主支气管塌陷导致已进行气管支架安放的患犬并未好转，则放置短支气管支架有一定的帮助（Kramer，2015）。最近一个案例报道（Dengate等，2014）称一患有局灶性左主支气管塌陷和左心房扩大犬在放置支气管支架后取得很好的效果。虽然该报道称在支架置入后出现了严重的呼吸窘迫，但该犬的生活质量在较长时期内得到了改善。

6　总结

大多数患犬对药物治疗反应良好；而那些对药物治疗反应较差或出现呼吸障碍的患犬通过手术治疗能得到更好的效果。选择合适的手术时间和手术方法是一个复杂的过程并受多因素影响，其取决于个人的经验、宠物

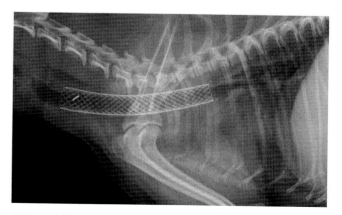

图9　一个放置于11岁绝育约克夏 犬体内的锥形气管支架，该犬患有明显的双侧支气管塌陷。气管支架的放置明显增加了通过的气流量，但还需要持续的药物治疗

主人的偏向和其经济能力。

近几年，随着气管腔内支架放置手术的发展，在气管腔外安放假体的手术方法已渐渐不被采用，因为前者更加微创且有较低的围手术期并发症发病率。为患犬放置腔内支架以进行长期治疗的经验在不断增加，但长期疗效的相关信息十分有限。大部分患犬在支架放置手术后仍需持续用药来预防咳嗽和炎症的发生，相比之下，成功的腔外假体放置手术能使大部分犬完全脱离药物治疗（White，1995）。

近来有研究显示，腔外气管环假体的放置仍然是治疗气管塌陷的有效方式，尤其是当只发生颈部段的气管塌陷。有结果显示，胸内塌陷患犬在进行颈部气管腔外假体放置手术后取得了较好的疗效；该结果对之前所认为的腔外假体放置治疗方法并不适合胸内气管塌陷犬的观点提出了质疑（Becker等，2012；Chisnell和Pardo，2015）。

总之，选用腔外假体放置还是腔内支架放置来治疗犬气管塌陷哪种更好，还未有明确定论，应根据各个患犬的不同情况来决定。

参考文献

Adamama-Moraitou，K. K.，Pardali，D.，Athanasiou，L. V., et al.（2011）Conservative management of canine tracheal collapse with stanozolol: a double blinded, placebo control clinical trial. International Journal of Immunopathology and Pharmacology 24, 111 - 118

Adamama-Moraitou，K. K.，Pardali，D., Day, M. J., et al.（2012）Canine bronchomalacia: a clinicopathological study of 18 cases diagnosed by endoscopy. The Veterinary Journal 191, 261 - 266

Ayres，S. A. & Holmberg，D. L.（1999）Surgical treatment of tracheal collapse using pliable total ring prostheses: results in one experimental and 4 clinical cases. Canadian Veterinary Journal 40, 787 - 791

Bauer，N. B.，Schneider，M. A.，Neiger，R., et al.（2006）Liver disease in dogs with tracheal collapse. Journal of Veterinary Internal Medicine 20, 845 - 849

Beal，M. W.（2013）Tracheal stent placement for the emergency management of tracheal collapse in dogs. Topics in Companion Animal Medicine 28, 106 - 111

Becker，W. M.，Beal，M.，Stanley, B. J., et al.（2012）Survival after surgery for tracheal collapse and the effect of intrathoracic collapse on survival. Veterinary Surgery 41, 501 - 506

Bexfield，N.，Foale，R.，Davidson，L., et al.（2006）Management of 13 cases of canine respiratory disease using inhaled corticosteroids. Journal of Small Animal Practice 47, 377 - 382

Bottero，E.，Bellino，C.，Lorenzi，D., et al.（2013）Clinical evaluation and endoscopic classification of bronchomalacia in dogs. Journal of Veterinary Internal Medicine 27, 840 - 846

Brown，S.，Williams，J.，Saylor，D.（2008）Endotracheal stent granulation tissue stenosis resolution after colchicine therapy in a dog. Journal of Veterinary Internal Medicine 22, 1052 - 1055

Buback，J. L.，Boothe，H. W.，Hobson，H. P.（1996）Surgical treatment of tracheal collapse in dogs: 90 cases (1983-1993). Journal of the American Veterinary Medical Association 208, 380 - 384

Chisnell，H. K. & Pardo，A. D.（2015）Long-term outcome, complications and disease progression in 23 dogs after placement of tracheal ring prostheses for treatment of extrathoracic tracheal collapse. Veterinary Surgery 44, 103 - 113

Coyne，B. E.，Fingland，R. B.，Kennedy, G. A., et al.（1993）Clinical and pathologic effects of a modified technique for application of spiral prostheses to the cervical trachea of dogs. Veterinary Surgery 22, 269 - 275

Dallman，M. J.，McClure，R. C.，Brown，E. M.（1985）Normal and collapsed trachea in the dog. Scanning electron microscopy study. American Journal of Veterinary Research 46, 2110 - 2115

Dallman，M. J.，McClure，R. C.，Brown，E. M.（1988）Histochemical study of normal and collapsed tracheas in dogs. American Journal of Veterinary Research 49, 2117 - 2125

De Lorenzi，D.，Bertoncello，D.，Drigo，M.（2009）Bronchial abnormalities found in a consecutive series of 40 brachycephalic dogs. Journal of the American Veterinary Medical Association 235, 835 - 840

Dengate，A.，Culvenor，J.，Graham，K., et al.（2014）Bronchial stent placement in a dog with bronchomalacia and left atrial enlargement. Journal of Small Animal Practice 55, 225 - 228

Dhupa，S.，Clark，D.，De Madron，E., et al.（2014）Evaluation of a novel tracheal stent for the treatment of tracheal collapse in dogs. Proceedings of the 2014 American College of Veterinary Surgeons Surgery Summit, San Diego, California, USA. Veterinary Surgery 43, E162

Done，S. H.，Clayton-Jones，D. G.，Price，E. K.（1970）Tracheal collapse in the dog: a review of the literature and report of two new cases. Journal of Small Animal Practice 11, 743 - 750

Durant，A.，Sura，P.，Rohrbach，B., et al.（2012）Use of nitinol stents for end-stage tracheal collapse in a dogs. Veterinary Surgery 41, 807 - 817

Ettinger, S. J.（2010）Diseases of the trachea and upper airways. In: Textbook of Veterinary Internal Medicine. Eds S. J. Ettinger and E. C. Feldman. Saunders Elsevier, St Louis, MO, USA. pp 1066 - 1087

Fingland，R. B.，DeHoff，W. D.，Birchard，S. J.（1987）Surgical management of cervical and thoracic tracheal collapse in dogs using extraluminal spiral prostheses. Journal of the American Animal Hospital Association 23, 163 - 172

Gellasch，K. L.，Dá Costa，G. T.，McAnulty, J. F., et al.（2002）Use of intraluminal nitinol stents in the treatment of tracheal collapse in a dog . Journal of the American Veterinary Medical Association 221, 1719 - 1723

Gibson , A. (2009) Tracheal collapse in dogs: to ring or to stent? Irish Veterinary Journal 62, 339 - 341

Herrtage , M. E. (2009) Medical management of tracheal collapse . In: Kirk ' s Current Veterinary Therapy XIV. Eds J. D. Bongura and D. C. Twedt . Saunders Else-vier, St Louis, MO, USA . pp 630 - 635

Hobson , H. P. (1976) Total ring prosthesis for the surgical correction of collapsed trachea . Journal of the American Animal Hospital Association 12, 822 - 828

Johnson , L. (2000) Tracheal collapse: diagnosis and medical and surgical treatment . Veterinary Clinics of North America: Small Animal Practice 30, 1253 - 1266

Johnson , L. R. & Fales , W. H. (2001) Clinical and microbiologic findings in dogs with bronchoscopically diagnosed tracheal collapse: 37 cases (1990-1995) . Journal of the American Veterinary Medical Association 219, 1247 - 1250

Johnson , L. R. & Pollard , R. E. (2010) Tracheal collapse and bronchomalacia in dogs: 58 cases (7/2001-1/2008) . Journal of Veterinary Internal Medicine 24, 298 - 305

Jokinen , K. , Palva , T., Sutinen , S. , et al. (1977) Acquired tracheobronchomalacia . Annals of Clinical Research 9, 52 - 57

Kamata , S. , Usui , N. , Sawai , T., et al. (2000) Pexis of the great vessels for patients with tracheobronchomalacia in infancy. Journal of Pediatric Surgery 35, 454 - 457

Kirby , B. M. , Bjorling , D. E. , Rankin , J. H. G. , et al. (1991) The effects of surgical isolation and application of polypropylene spiral prostheses on tracheal blood flow. Veterinary Surgery 20, 49 - 54

Kramer, G. A. (2015) Bronchial collapse and stenting . In: Veterinary Image-Guided Interventions . Eds C. Weisse and A. Berent . Wiley Blackwell , Ames, IA, USA . pp 83 - 90

Macready, D. M. , Johnson , L. R., Pollard , R. E. (2007) Fluoroscopic and radiographic evaluation of tracheal collapse in dogs: 62 cases (2001-2006) . Journal of the American Veterinary Medical Association 230, 1870 - 1876

Maggiore , A. D. (2014) Tracheal and airway collapse in dogs . Veterinary Clinics of North America: Small Animal Practice 44, 117 - 127

Mittleman , E. , Weisse , C., Mehler, S. , et al. (2004) Fracture of an endoluminal nitinostent used in the treatment of tracheal collapse in a dog . Journal of the American Veterinary Medical Association 225, 1217 - 1221

Montgomery, J. E. , Mathews , K. G. , Marcellin-Little , D. J. , et al. (2015) Comparison of radiography and computed tomography for determining tracheal diameter and length in dogs . Veterinary Surgery 44, 114 - 118

Moritz , A. , Schneider, M. , Bauer, N. (2004) Management of advanced tracheal collapse in dogs using intraluminal self-expanding biliary wallstents . Journal of Veterinary Internal Medicine 18, 31 - 42

Moser, J. E. & Geels , J. J. (2013) Migration of extraluminal tracheal ring prostheses after tracheoplasty for treatment of tracheal collapse in a dog . Journal of the American Veterinary Medical Association 243, 102 - 104

Nelson , W. A. (2003) Diseases of the trachea and bronchi . In:

Textbook of Small Animal Surgery. Ed D. H. Slatter. Saunders , Philadelphia, PA, USA . pp 858 - 862

Norris , J. L. , Boulay, J. P. & Beck , K. A. (2000) Intraluminal self-expanding stent placement for the treatment of tracheal collapse in dogs. Proceedings, American College of Veterinary Surgeons Forum. Arlington, VA, USA, p 471

O ' Brien , J. A. , Buchanan , J. W., Kelly, D. F. (1966) Tracheal collapse in the dog . Veterinary Radiology 7, 12 - 20

Ouellet , M. , Dunn , M. E. , Lussier, B. , et al. (2006) Noninvasive correction of a fractured endoluminal nitinol tracheal stent in a dog . Journal of the American Animal Hospital Association 42, 467 - 471

Radlinsky, M. G. , Fossum , T. W., Walker, M. A. , et al. (1997) Evaluation of the Palmaz stent in the trachea and mainstem bronchi of normal dogs . Veterinary Surgery 26, 99 - 107

Rozanski , E. A. , Bach , J. F., Shaw, S. P. (2007) Advances in respiratory therapy. Veterinary Clinics of North America: Small Animal Practice 37, 963 - 974

Rudorf , H. , Herrtage , M. E. , White , R. A. S. (1997) Use of ultrasonography in the diagnosis of tracheal collapse . Journal of Small Animal Practice 38, 513 - 518

Scansen , B. & Weisse , C. (2014) Tracheal collapse . In: Kirk's Current Veterinary Therapy XV. Eds J. D. Bongura and D. C. Twedt . Saunders Elsevier, St Louis, MO, USA . pp 663 - 668

Singh , M. K. , Johnson , L. R. , Kittleson , M. D. , et al. (2012) Bronchomalacia in dogs with myxomatous mitral valve degeneration . Journal of Veterinary Internal Medicine 26, 312 - 319

Sun , F., Usón , J. , Ezquerra , J. , et al. (2008) Endotracheal stenting therapy in dogs with tracheal collapse . The Veterinary Journal 175, 186 - 193

Sura , P. & Krahwinkel , D. (2008) Self-expanding nitinol stents for the treatment of tracheal collapse in dogs: 12 cases (201-2004) . Journal of the American Veterinary Medical Association 232, 228 - 236

Tangner, C. H. & Hobson , H. (1982) A retrospective study of 20 surgically managed cases of collapsed trachea . Veterinary Surgery 11, 146 - 149

Vasseur, P. (1979) Surgery of the trachea . The Veterinary Clinics of North America. Small Animal Practice 9, 231 - 243

Weisse , C. (2014) Insights in tracheobronchial stenting and a theory of bronchial compression . Journal of Small Animal Practice 55, 181 - 184

Weisse , C. (2015) Intraluminal tracheal stenting . In: Veterinary Image-Guided Interventions . Eds C. Weisse and A. Berent . Wiley Blackwell , Ames, IA, USA . pp 73 - 82

Weisse , C. & Berent , A. C. (2010) Tracheal stenting in collapsed trachea . In: Textbook of Veterinary Internal Medicine . Eds S. J. Ettinger and E. C. Feldman . Saunders Elsevier, St Louis, MO, USA . pp 1088 - 1095

White , R. N. (1995) Unilateral arytenoid lateralisation and extra-luminal polypropylene ring prostheses for correction of tracheal collapse in the dog . Journal of Small Animal Practice 36, 151 - 158

White , R. A. S. & Williams , J. M. (1994) Tracheal collapse in the dog-is there really a role for surgery? A survey of 100 cases . Journal of Small Animal Practice 35, 191 - 196

Woo , H. M. , Kim , M. J. , Lee , S. G. , et al. (2007) Intraluminal tracheal stent fracture in a Yorkshire terrier. The Canadian Veterinary Journal 48, 1063 - 1066

裂层软腭铰链式皮瓣和双侧口腔黏膜旋转式皮瓣在双侧软腭发育不全犬的一期修复中的应用

（选自JAVMA · Vol 248 · No. 1 · January 1, 2016，91:95）

Ronan A. Mullins MVB*Shane R. Guerin MVBKathryn M. Pratschke MVB, MVM
（本病例来自爱尔兰 Gilabbey兽医院及格拉斯哥大学兽医生命科学与医院学院）
（译：范超明，校：钟友刚、张涵，中国农业大学动物医学院。译者联系方式：448180206@qq.com）

1 病例描述

一只14周龄，8.5kg（18.7lb）重，未绝育的雌性史宾格犬，因伴有双侧脓性鼻分泌物的慢性鼻炎前来就诊。此患犬自出生以来就存在打喷嚏和口鼻食物和液体返流的症状。

2 诊断

体格检查显示，此犬活泼、警觉、反应灵敏，体况为3级（分级为1～9[1]。双侧下颌淋巴结轻度肿大。胸部听诊未见异常。重要指标都在正常范围内。此犬双侧瞬膜对称性轻微突出。耳镜检查未发现明显异常。经麻醉后的口腔检查发现，此犬软腭较短、发育不完全，且为双侧的腭裂。此犬情况属于伪悬雍垂不突出。

3 治疗与结果

术前给药：马来酸乙酰丙嗪[1]（0.025 mg/kg，肌内注射）、硫酸吗啡[2]（0.15 mg/kg，肌内注射）。麻醉诱导剂：阿法沙龙[3]（2.0 mg/kg，静脉注射）。气管插管后，采用含2%异氟烷[4]的氧气来维持麻醉。患犬咽部塞满纱布块后，用1%的聚维酮碘溶液进行口腔的消毒，准备手术。围手术期预防性使用抗菌药物，手术开创前30 min给药1次，之后术中每90min给予1次，药物采用头孢呋辛钠[5]（20.0 mg/kg，静脉注射）。

术中患犬仰卧保定，使其硬腭大致与手术台面平行。使用开口器打开经口入路，帮助术者达到术部。咽部用两片灭菌纱布塞满，术部用无菌创巾隔离，确保固定在下颚的气管插管与术野分开。将一裂层皮瓣从发育

图1　术前患部照片。此犬生来就有打喷嚏和口鼻食物和液体返流的症状。其双侧软腭发育不全（腭裂）且悬雍垂不突出。图中裂层软腭铰链皮瓣的轮廓已标注（虚线）。皮瓣翻转的方向也已标注（箭头方向）

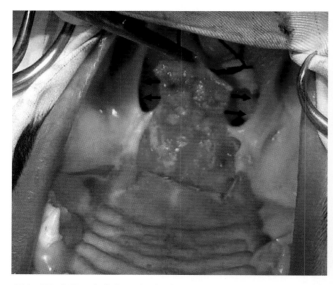

图2　图1中同一犬术中图片。标注了裂层软腭铰链皮瓣的制作与翻转。其边缘将缝合于咽壁切口（箭头所示）

通讯作者
Ronan A. Mullins　联系方式：ronan.mullins@ucdconnect.ie。

1 ACP injection, Novartis Animal Health, Camberley, Surrey, England.
2 Morphine sulfate injection BP, Martindale Pharmaceuticals Ltd,Romford, Essex, England.
3 Alfaxan, Vetoquinol, Buckingham, Buckinghamshire, England.
4 Vetflurane, Virbac Animal Health, Bury St Edmunds, Suffolk, England.
5 Zinacef, GlaxoSmithKline, Cork, Ireland.

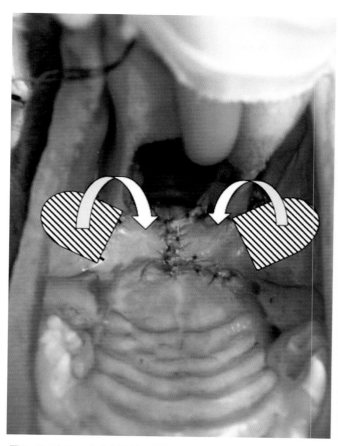

图3 图1中同一犬术中图片。标注了口腔黏膜皮瓣的轮廓（阴影区域）和皮瓣扭转的方向（箭头所指）

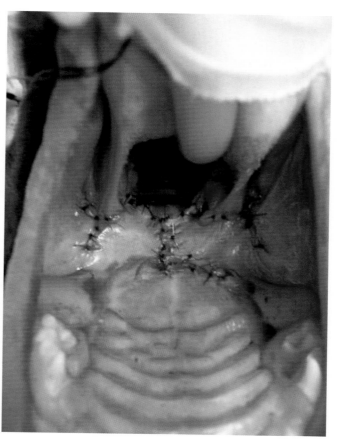

图4 图1中同一犬术后图片。软腭重塑，双侧腭裂闭锁

不全的软腭表面掀起，并保证皮瓣基部与软腭尾部边缘是相连接的。简而言之，首先在软硬腭连接处做一横切，然后沿横切口的两侧向舌弓做两个平行切口（图1）。于两咽侧壁做切口，切口从软腭残端至两侧舌弓尾部。然后皮瓣向后翻转，使口腔黏膜表面与鼻咽部相对。随后用4-0聚卡普隆线25[6]进行简单间断缝合，将皮瓣脚与咽部切口尾端缝合。皮瓣侧缘与咽壁切口进行缝合（图2）。左侧口腔黏膜的倒U形皮瓣向正中旋转与铰链皮瓣相连，这样一来黏膜层在腹侧（图3），皮瓣黏膜下层与其直接对应。当皮瓣用聚卡普隆线25[6]无张力简单结节缝合固定后，口腔黏膜皮瓣即覆盖了左半边的铰链皮瓣。先将制作口腔皮瓣造成的黏膜缺损用4-0可聚卡普隆线25[6]简单结节缝合。然后对侧也制作同样的皮瓣，掀起，扭转至相应位置，并按照如前描述的方法进行缝合，覆盖右半边铰链皮瓣。沿着重塑的软腭中线，将两边口腔黏膜皮瓣的顶端缝合在一起。这就完成了双层、无张力、发育不完全的软腭的一期重塑（图4）。

患犬麻醉苏醒过程未出现异常，术后禁食禁水大约24h。次日早晨观察到患犬可正常进食进水，且当日有排便。建议术后2~4周进行复诊，但动物主人并没有来复诊。术后3年时间内对主人的长期随访中得知，患犬已恢复了良好的健康状态，并且进食进水时口鼻回流的症状已得到解决。术后几周内，患犬的身体状况表现出大幅的改善。患犬未出现吞咽或呼吸困难的症状，但仍偶尔出现轻微的喷嚏且有顽固性鼻分泌物。镇静后对其进行软腭检查，发现两侧腭裂程度有所减轻。但根据标准的评估标志（即腭扁桃体尾端），其长度并未达到正常水平。

4 讨论

关于双侧软腭发育不全的文献很少，自1972年以来，文献内报道的患犬仅有14例[2-8]。患病动物表现出由于反复的口鼻部食物和液体回流造成的慢性鼻炎、变性鼻分泌物、打喷嚏、生长迟缓、吸入性肺炎、咳嗽等多种症状的组合[2,5,7]。此病为继发软腭形成缺陷，表现为

6 4-0 Monocryl, Ethicon, Somerville, NJ.

软腭变短，并有一从硬颚向后延伸而来的一悬雍垂样组织（伪悬雍垂）[6,7]。本病的确切机制并不完全明了，但对此有很多理论分析。病因包括双侧腭突无法融合为能形成扁桃体隐窝、腭扁桃体或扁桃弓的头端和尾端的其他组织[9]。

文献报道，已有12例患犬成功进行了软腭的尝试性再造手术[2-7]。文献描述了治疗本病的各种类手术方法，如二层或三层同位置修复法[7,9]、鼻咽黏膜皮瓣修复法[7]、双侧口腔黏膜皮瓣修复法[5]、来源于扁桃体隐窝的咽皮瓣的修复法[4]。无论分期或单一手术方法，软腭的修复情况都已被证实。大多数手术方法都会利用到突出的伪悬雍垂，但并不是所有患犬都会存在伪悬雍垂。现在的文献中提出曾作为本病标志的中央伪悬雍垂现在并不能作为本病的特征表现。这种悬雍垂样结构，实际是由腭肌（张肌和腭帆提肌）、结缔组织和黏膜组成的。[5,10]此报告中患犬缺乏这种结构，因此a 2或3-layer appositional repair[7]的应用[9]，或鼻咽皮瓣法[7]并不适用，且不会明显地增加软腭的长度。本文中不具有突出的伪悬雍垂的患犬的存在潜在的问题：尽管软腭的有效长度可以重建，但是它没有任何腭肌，因此术后功能恢复情况不能确定。

Headrick 和 McAnulty[8]利用硬腭骨膜皮瓣和双侧咽壁皮瓣成功的修复了猫的双侧软腭发育不全。将咽部皮瓣以单蒂皮瓣形式向背外侧拉伸至鼻咽部，其尾部拉伸至舌腭弓，并固定。这样它便可越过已固定的骨膜皮瓣，形成H型修复，因而口腔表面有上皮覆盖。对比犬猫头骨与咽部构造的不同，可知这种方法会人为地缩小鼻咽口，造成鼻咽狭窄。而且，这种方式在会增加皮瓣间的纵向拉力，一定程度上会导致局部的缺血。正是出于这种原因，本病例中制作了口腔黏膜皮瓣，黏膜皮瓣基部是紧邻铰链皮瓣的，使其旋转大约90°而不会对其附加张力，目的是使每一侧的口腔黏膜皮瓣可覆盖一半的铰链皮瓣。尽管仅仅利用双侧口腔皮瓣来重塑犬软腭是可以实现的[5]，但利用软腭铰链皮瓣结合口腔黏膜皮瓣可以提供更强大有力的双层重塑结构，会更适合本病例中的患犬。

研究表明，再次裂开是软腭重建术最常见的术后并发症[3,5,7,8]。创口拉力的产生不仅与手术技巧有关，还与腭肌的吻合牵拉效应有关[11]。本报告中的犬口腔黏膜皮瓣会覆盖大部分由于掀起铰链皮瓣造成的缺损，剩余的一小部分中心区域会发生二期愈合。笔者怀疑对合缝合可能是导致过度张力的原因，而允许一小部分组织二期愈合可以将过度张力的风险降至最低[12]。术后的检查

显示该犬双侧腭裂程度有所缓解，但还长度并未恢复正常。这可能是因伤口愈合和腭肌的吻合牵拉效应造成的组织收缩的结果。然而，进一步的临床观察发现，似乎长度的增加可促进软腭的功能，对于此患犬来说表现为口鼻回流症状的消失。Headrick 和McAnulty[8]观察到当用鼻咽皮瓣直接拉伸去覆盖硬腭的缺损来修复重塑软腭时会发生术后再度裂开。对本报告中的患犬而言，制造旋转皮瓣可实现更佳的长度和活动性，并可大大降低创口愈合处的张力。一系列病例表明，术中同时切除扁桃腺可降低横向张力，从而降低术后创口裂开的风险，但笔者对其有效性不抱希望[7]。考虑它并不会实质性改变口腔黏膜皮瓣的张力，因而本病例中的患犬并未进行扁桃腺切除手术。

关于儿童先天性腭裂的研究称，高发的中耳积液继发于咽鼓管功能障碍或阻塞[13-18]。在人类，吞咽期间咽鼓管的扩张活动（吞咽间歇期），依赖于功能正常的腭帆张肌[19-21]。在犬猫的研究中也描述了类似的先天性腭缺损和中耳疾病之间的关系[6,7,22]。Gregory[6]用放射检查的手段证实患各种先天性腭缺损的犬具有中耳疾病和中耳畸形。White等的一个病例分析也有相似的发现[7]。文献报道，对患犬进行耳镜检查，并未发现外耳道和鼓膜的异常。若对患犬进行进一步中耳放射检查、中耳CT、鼓膜穿刺检查或脑唤起听觉检查，或许可证实本病与中耳疾病存在相关性，但由于资金的限制，相关的研究并没有开展。

对于本病例中的患犬，由于其有慢性脓性鼻分泌物，围手术期为降低术部细菌总量，静脉给予患犬注射广谱抗菌药物。考虑口腔黏膜丰富的血液供应，对感染有很强的抵抗力，术后患犬未给予抗菌药物。

本报告描述了使用裂层软腭铰链皮瓣和双侧口腔黏膜旋转皮瓣对双侧软腭发育不全且不表现明显的伪悬雍垂的患犬的软腭修复重建。据笔者所知，在本文撰写以前，还未有人使用此种一期愈合技术进行犬软腭修复重建。基于本文描述的如此理想的术后结果，笔者建议采用本文描述的手术方法来治疗具有相似症状的双侧软腭发育不全的犬。与之前描述的需进行二次手术的方法进行比较，本技术为犬软腭的一期重建的提供了可能性，并且这种牢固的的组织结合方式可降低创伤形成的概率[5]。本技术适用于伪悬雍垂为不突出的患犬，并且可用于不同形态的头骨。动物主人应注意的是，重建的软腭缺乏正常的腭肌，因而其功能会受到影响。即便无法恢复正常功能，患犬仍可获得良好的生活质量，仅伴随极少的临床症状。

参考文献

[1] Laflamme DP. Development and validation of a body conditionscore system for dogs. Canine Pract 1997,22(4):10–15.

[2] Baker GJ. Surgery of the canine pharynx and larynx. J SmallAnim Pract 1972,13:505–513.

[3] Bauer MS, Levitt L, Pharr JW, et al. Unsuccessful surgical repair of ashort palate in a dog. J Am Vet Med Assoc 1988,193:1551–1552.

[4] Sylvestre AM, Sharma A. Management of a congenitally shortenedsoft palate in a dog. J Am Vet Med Assoc 1997,211:875–877.

[5] Sager M, Nefen S. Use of buccal mucosal flaps for the correctionof congenital soft palate defects in three dogs. Vet Surg1998,27:358–363.

[6] Gregory SP. Middle ear disease associated with congenital palatinedefects in seven dogs and one cat. J Small Anim Pract 2000;41:398–401.

[7] White RN, Hawkins HL, Alemi VP, et al. Soft palate hypoplasia and concurrent middle ear pathology in six dogs. J Small Anim Pract 2009;50:364–372.

[8] Headrick JF, McAnulty JF. Reconstruction of a bilateral hypoplastic soft palate in a cat. J Am Anim Hosp Assoc 2004;40:86–90.

[9] JAVMA • Vol 248 • No. 1 • January 1, 2016 95 Small Animals/Avian Warzee CC, Bellah JR, Richards D. Congenital unilateral cleft of the soft palate in six dogs. J Small Anim Pract 2001;42:338–340.

[10] Nelson AW. Cleft palate. In: Slatter D, ed. Textbook of small animal surgery. 3rd ed. Philadelphia: Elsevier Science, 2003;814–823.

[11] Nelson AW. Upper respiratory system. In: Slatter D, ed. Textbook of small animal surgery. 2nd ed. Philadelphia: Elsevier Science,1993;733–776.

[12] Reiter AM, Holt D. Palate. In: Tobias KM, Johnston SA, eds. Veterinary small animal surgery. Philadelphia: Elsevier Science,2013;1709–1718.

[13] Bluestone CD. Studies in otitis media. Children's Hospital of Pittsburgh—University of Pittsburgh progress report—2004.Laryngoscope 2004;114(11 pt 3 suppl 105):1–26.

[14] Doyle WJ, Cantekin EI, Bluestone CD. Eustachian tube function in cleft palate children. Ann Otol Rhinol Laryngol Suppl 1980;89:34–40.

[15] Stool SE, Randall P. Unexpected ear disease in infants with cleft palate. Cleft Palate J 1967;4:99–103.

[16] Robinson PJ, Lodge H, Jones PM, et al. The effect of cleft palate repair on otitis media with effusion. Plast Reconstr Surg 1992;89:640–645.

[17] Muntz HR. An overview of middle ear disease in cleft palate children. Facial Plast Surg 1993;9:177–180.

[18] Shaw R, Richardson D, McMahon S. Conservative management of otitis media in cleft palate. J Craniomaxillofac Surg 2003;31:316–320.

[19] Cantekin EI, Doyle WJ, Reichert TJ, et al. Dilation of the Eustachian tube by electrical stimulation of the mandibular nerve.Ann Otol Rhinol Laryngol 1979;88:40–51.

[20] Honjo I, Okazaki N, Kumazawa T. Experimental study of theEustachian tube function with regard to its related muscles.Acta Otolaryngol 1979;87:84–89.

[21] Bluestone CD. Anatomy and physiology of the Eustachian tubesystem. In: Bailey BJ, Johnson JT, Newlands SD, eds. Head & neck surgery: otolaryngology. 4th ed. Philadelphia: Lippincott Williams & Wilkins, 2006;1256.

[22] Woodbridge NT, Baines EA, Baines SJ. Otitis media in five cats associated with soft palate abnormalities. Vet Rec 2012;171:124–125.

如何正确预防犬猫牙科疾病

〔 选自JAVMA • Vol 248 • No. 2 • January 15, 2016：130–135 〕

Katie Burns
〔 译：刘蕾，校：钟友刚、张涵，中国农业大学动物医学院。联系方式：shizi36@foxmail.com 〕

通过一种或多种方式，Nicholas Perrone和他的妻子已经收养了10只猫，每天晚上，他都给每只猫刷牙。

30年前，当Nicholas Perrone第一次收养猫时，他并不会给它们刷牙，但每一次兽医建议洗牙，他都会同意。之后，他的一只猫在麻醉洗牙后再也苏醒没有过来，所以作为预防措施他开始给猫刷牙。

在芝加哥的Blum动物医院，一个客户Perrone认为现今的兽医麻醉非常安全。他还认为，给他的猫刷牙已经避免了大多数的牙科处理，且为他省了几千美元。

美国兽医协会和其他兽医组织将每年2月作为庆祝国家宠物牙齿健康月。近年来许多宠物主人已经十分推崇预防性牙科保健，包括家庭护理和专业的清洁。

但在犬猫的预防性牙科，仍有一系列障碍需要克服：对保健认知的缺乏、家庭护理的困难、专业护理的成本和对麻醉的恐惧。国家无麻醉牙科正在快速发展，为2月1日的JAVMA新闻版中一篇文章的核心内容。

美国兽医协会，美国动物医院系会和美国兽医牙科学院为每一个全科医师提供牙科指导。组织代表表示，犬猫预防牙科学已经走了很长的路，但仍有很长的路去真正发挥它的潜力。

1 基础知识

美国兽医协会的方针是："兽医牙科学"主要集中于界定动物口腔卫生保健的方方面面，并将其归入兽医的职责范畴。

"牙科是兽医工作内容中巨大的一部分，"Dr. Christopher Gargamelli，美国兽医协会理事会负责监管部门的一个成员说："兽医学的职权范围是非常重要的，这就是为什么要兽医直接参与政策的多个点。"

同样还有政策规定，"兽医应该对所有的动物每年至少做一次口腔检查，并讨论保持病患口腔健康的预防措施。"

Gargamelli博士指出，犬猫基本的牙科程序包括在麻醉下的清洁和X线摄影，在过去的10年，X线摄影逐步成为相当常规的检查。当然，麻醉和X线摄影增加了很多成本。他说，"从整体和专业角度考虑，我们努力提供最高水平的护理，同时保证主人要负担的起，我认为这是我们做任何事奋斗的目标。"

Gargamelli博士注意到，宠物主人对于老年犬猫的麻醉尤其担忧。他相信兽医可以通过与客户交流关于麻醉和监护的改进来减轻主人的担心。

他还认为宠物主人不理解牙齿健康和整体健康之间的联系——或者牙齿问题的疼痛程度。他说："如果我们不给主人解释这些，我们就是在某种程度上伤害动物主人、伤害患病动物。"

鉴于美国兽医协会成员的要求，该协会在2015年制作了一本针对动物主人的关于宠物牙齿健康护理的手册。宣传册描述了兽医牙科学、牙科疾病的病因和临床表现、麻醉的使用、牙周病和家庭护理。

Gargamelli博士发现家庭护理比较困难。在他给吉娃娃做完一个牙科手术后，他和他的妻子决定轮流给狗刷牙。在6个月内，他们给犬刷牙可能有6次。美国兽医协会的牙科宣传册讨论了刷牙，还有如何选择其他牙科相关产品、玩具和饮食。

2 AAHA法

"兽医牙科护理是医疗保健计划的一个重要部分，"根据2013年AAHA犬猫牙科保健指南，"优质的的牙科护理对于提供最佳的健康和生活品质是必要的。"

根据指南："当清醒状态下检查发现有异常时（如上颌骨犬齿或第四前臼齿的游离齿龈表面有斑块或牙结石），执行麻醉，通过牙齿评分表进行记录，清洁并拍X线片；或至少，猫和小中型犬从1岁开始，大型犬从2岁开始，每年进行检查。"

Heather Loenser博士是AAHA公众和专业事务兽医顾问，认为大多数犬猫是从3岁开始发生牙病。她说，"这可能会导致全身性疾病，但这对于宠物主人来说，很难将其联系到一起。"

她说医院可以组建医疗团队负责：牙齿的清洁，与客户交谈关于牙齿保健的问题，并且有员工询问客户关于预约洁牙的事宜。

图1　Nicholas Perrone brushes his cat Fifi's teeth at Blum Animal Hospital in Chicago.
图3　图为芝加哥布鲁姆动物医院的尼古拉斯大夫在给一只叫菲菲的猫刷牙

Loenser博士说口腔是一个看不见的地方，很多宠物主人能够容忍过度的口臭。她说，"嘴不会跛行，它不会有一些明显的表现，也不会在垃圾箱外小便。"

由于牙科疾病的特征很微妙，可以强行推销洗牙。Loenser博士主张把牙齿随时间变化的照片展示给客户看。

Loenser博士指出，洁牙的费用大部分是来自保证麻醉安全性的各步骤。她建议医疗团队向主人解释从静脉输液到保暖措施等所有步骤。

AAHA的牙科指南同样涉及家庭护理。该指南写道：家庭护理的内容包括刷牙及牙膏的使用、口腔冲洗、凝胶或喷剂、水添加剂，牙科处方粮和磨牙小零食。不建议使用任何不易弯曲或咬碎的磨牙小零食或其他物品（如骨头、牛蹄或马蹄、鹿角及硬尼龙产品）。兽医口腔卫生局预设了关于此类减少牙菌斑和牙结石的堆积产品应达到的标准。

3　惊人的变化

来自亚利桑那州的兽医牙科专家Curt Coffman博士，同时也是AVDC的董事会成员，坚信宠物主人已经越来越意识到宠物牙齿健康的重要性。原因之一是，兽医们已将牙科作为医疗中一个较大的部分。同时，宠物产品的制造商们也看到了牙科产品的市场需求。

"他们生产商品或发掘出提供保健、基本上可以抑制牙菌斑和牙结石堆积的产品，"Coffman博士说道："生产商们帮助兽医使他们的顾客意识到牙齿健康很重要，我认为这在过去10年里是一件很重大的事情。"

"刷牙始终是最好的选择，"他说，而且许多宠物主人都能做到。据他了解，小型犬的主人甚至用喷水器或者牙线来处理狗狗紧密排列的门齿。

对于兽医牙科，Coffman博士认为，在未来牙齿清洁和X线片的健康检查组合，可以使牙齿保健的费用更让人

支付得起。他说，"我觉得有很多办法使牙齿保健对大多数宠物主人来说是可行的。"

从20年前在全科诊所工作、15年前开展牙科专科开始，Curt Coffman博士见证了兽医牙科的巨大变化。和他一起工作的咨询兽医师，用X线摄影和评分表记录口腔状况，这在进行全科诊疗时是从未有过的。

"初级兽医师更倾向于做出诊断，也更乐意提供清洁或拔牙，"他说："我依然觉得我们在赢取大多数客户方面还有一场艰苦的战斗。"

Curt Coffman博士建议，全科医生可以在犬猫到2、3岁时给客户强力推荐，"让顾客有这种概念，给犬猫做预防性的洁牙。真正实施洁牙程序和预防性牙科保洁，并检查那些将来可能发生问题的区域"。

4　下一阶段

Cindy Charlier博士是AVDC董事会的一员，在伊利诺伊州设立了兽医牙科教育网络与培训机构，为全科医院提供口腔健康保健和客户教育的技术服务。

她说："当我们作为兽医师向动物主人建议治疗并签订客户同意书时，实际上我们是在治疗口腔疾病而非预防。"

Cindy Charlier博士说道，全科医生可以根据主人能做到的及宠物能接受的程度，进行常规牙科诊疗程序，然后推荐定制化的家庭保健项目。更理想的情况下，她推荐在0～4级评分中达1级的病畜进行麻醉。

"接着我们就能扭转牙龈炎的进程，"她说："一旦发展为牙周病，我们便不可能使其完全消失，我们只能控制并减缓疾病的进程。"

Charlier博士说有些犬猫易于发生口腔疾病，比如小型犬，因此一个能及时出检测疾病的维护项目是十分必要的。

"犬猫的问题在于，它们永远不会让宠物主人知道它

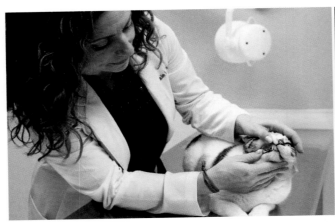
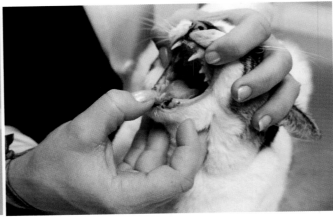

图2　Dr. Natalie Marks, co-owner of Blum Animal Hospital, examines Fifi's teeth.
　　图为娜塔莉医生给菲菲做口腔检查

们的口腔出了问题，"她说："犬猫并不需要它们所有的牙齿，但它们需要一个无疼痛的口腔环境。"

兽医师可以将口腔检查放在每一次体格检查内，并在每一步检查中对客户讲解口腔卫生保健问题。预防比治疗便宜，Cindy Charlier博士说，并且可以延长麻醉状态下进行项目的间隔时间。

"所有的障碍都可以通过客户教育来攻克，"她说："每个客户都需要了解牙科诊疗涉及的问题，为什么要做这些检查，牙科疾病的后果，在这之后，我们才能与客户达到共识。"

5 Blum动物医院

Natalie Marks博士，是被AAHA官方认可的芝加哥Blum动物医院的合法共有人，他说，Perrone作为拥有10只猫的宠物主人，在给牙科这方面通过给猫刷牙完成了一项了不起的工作。因为对于大多数医院的客户来说，他们繁忙的生活和宠物的反抗是在家进行牙科护理的障碍。

和其他执业医师一样，Natalie Marks博士认为，客户教育方面，缺乏关于牙科疾病如何影响全身健康状况并引起疼痛的讲解。

"对于每一只进入医院的病患，不论它是为什么来医院，我们都会对它进行全面检查，口腔检查也包含在内，"Natalie Marks博士说："从统计学上来讲，对于我们现在的大部分病患，都存在牙科疾病，我们会基于病患的情况给予建议。很多病患会从每年两次的例行检查中得到莫大的好处。"

"牙科检查的花销可能使得一些医院的客户不愿意进行检查，"Natalie Marks博士说，但是，通过医疗团队对成本和拒绝进行检查的后果进行解释后，大多数客户会同意签订医院的麻醉协议。

总体而言，Natalie Marks博士从牙科检查的客户中看到更大的利益。她说："客户教育执行得越来越好，同时，他们会愿意将更多的时间和精力投入保持到宠物的口腔健康上来，这是喜闻乐见的事。"

她认为宠物牙科健康、客户教育、客户的意愿随着牙科保健产品（如DR）的推出，而有所改善。而且她的团队可提供一系列牙科相关产品。

Perrone在36岁时拥有了他的第一只猫。随后发展为4只，现在则已经有10只猫。除了刷牙以外，他还给他的猫们一些洁牙的零食，但多数猫都直接吞下了事。

他最近新增的家庭成员是一只半野生的猫和它的两只猫宝宝。这只雌猫不得不拔除12颗牙，而其中一只幼猫也得拔除8颗牙。

对Perrone而言，所有的努力都是值得的。他说，"他的猫咪们拯救了他的健康、他的生活。"

"家中的一些悲惨经历让我的脑子一团糟，"他说："而这些猫咪们让我回归了正常。"

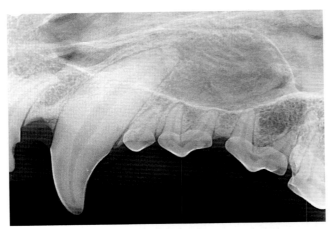

图1　A radiograph of a normal left maxillary canine tooth in a dog.
　　图为犬左侧正常上颌骨的X线影像图

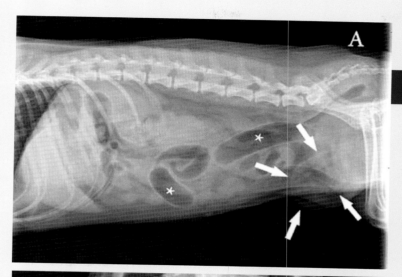

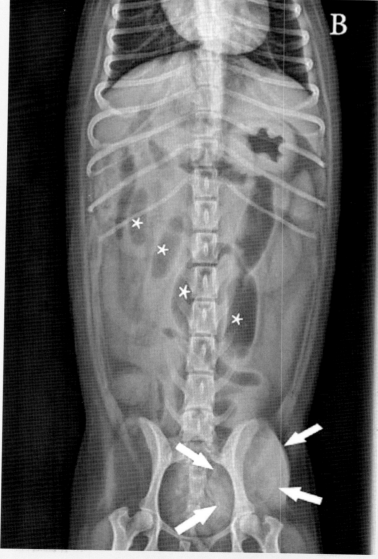

小测试解答

成像结果及释义

　　多段小肠内充满气和液体，中度扩张（L5椎体高度的3.3倍，参考极限，<1.6~2倍高度）。剩下的肠段大小和内容物正常。在左腹股沟区发现有一个卵圆形、边缘光滑、密度不均匀的软组织，且脂肪密度的不透明团块，大小为5cm×3cm×3cm（图2）。基于影像学检查发现的小肠节段性扩张，疑似为小肠机械性阻塞。鉴别诊断小肠机械性梗阻包括异物、粘连、肿瘤、肠套叠和嵌闭疝。鉴别诊断左腹股沟区的肿胀包括腹股沟疝、软组织肿瘤、脂肪组织炎、脓肿和血肿。

　　腹部超声检查进一步描述了左腹股沟红肿区，帮助诊断引起小肠机械性阻塞的原因。通过超声检查可确诊，在左后腹部，小肠的几个膨胀段可以被扫查到在左腹股沟区形成高回声组织团块。这些临床检查可证实，此情况为小肠嵌闭和左腹股沟疝周围脂肪组织炎。

（选自JAVMA・Vol 248・No. 2・January 15, 2016 149：151）

通讯作者
Dainna K. Stelmach, DVM, MS
联系方式：dainna8@uga.edu。

治疗和结果

开腹探查结果证实了空肠和大网膜嵌闭导致小肠机械性阻塞，进而形成左腹股沟疝的诊断。将一段空肠和大网膜从腹股沟肿胀处取出，且确定其内容物已坏死。因而实行了一个4cm长的空肠切除和部分大网膜切除术。部分疝孔被封闭，但允许正常的腹股沟结构通过（如生殖股神经、外阴动脉和静脉、腹股沟传出淋巴管）。病犬在麻醉恢复2d后被允许出院，如有不适的迹象注射丁丙诺啡[0.02mg/kg（0.009 mg/lb），根据需要8~12h口服用药]。出院后3周，病犬返回医院急救，左侧腹股沟疝复发。在手术修正后1周，病犬开始呕吐，没有发现肠嵌闭，左侧腹股沟环被更完全关闭，同时仍然允许正常结构通过腹股沟。

讨论

腹股沟疝发生于腹膜通过由腹内斜肌、腹直肌、腹股沟韧带、腹外斜肌的腱膜组成的内外腹股沟环外翻。疝内容物通常包括脂肪或网膜，还可能包括大肠或小肠、膀胱或子宫。临床表现没有器官嵌闭的犬，通常进表现为明显的肿胀，不伴有疼痛或其他临床特征[1]。浅表的肿胀在X线片中是显而易见的，其他的影像学特征包括腹部近尾侧的正常器官的缺失或位移（如膀胱或肠道）。可能通过影像学正反差对比能更好地进行描述[2]。机械性肠梗阻继发于小肠疝和肠嵌闭，还是压迫，可通过腹腔或疝内小肠扩张鉴别[3, 4]。超声探查是用来确认疝内是否存在腹部器官的一种有效的、非侵入式的检查手段。手术修复腹股沟疝的目的是减少疝气内容物，确定相应组织的活性，移除坏死部分，重新修复腹壁。传统腹股沟疝修补术通常缝合关闭外腹股沟环。大的创伤性或复发性疝气可能更复杂，需要使用一种合成网状或肌肉皮瓣（如颅骨缝匠肌）来进行无张力修补术[5]。术后并发症可能包括切口感染、裂开，肠道切除和吻合术后肠内容物漏出引发的腹膜炎、血管神经损伤或疝气复发[1]。

（译：秦毓敏，校：钟友刚、张涵，中国农业大学动物医学院。译者联系方式：yumin_qin0507@163.com）

参考文献

[1] Waters DJ, Roy RG, Stone EA. A retrospective study of inguinal hernia in 35 dogs. Vet Surg 1993,22:44-49.

[2] Lojszczyk-Szczepaniak A,Komsta R, Debiak P. Retrosternal (Morgagni) diaphragmatic hernia. Can Vet J 2011,52:878-883.

[3] Ljunggren G. The radiological diagnosis of some acute abdominal disorders in the dog. Vet Radiol Ultrasound 1964,5:5-14.

[4] Kealy JK, McAllister H, Graham JP, eds. Diagnostic radiology and ultrasonography of the dog and cat. 5th ed. St Louis:Saunders Elsevier, 2011.

[5] Fossum TW. Small animal surgery. 3rd ed. St Louis: Mosby Elsevier, 2007.

新书推荐 //

猫病学（第4版）

内容简介：《猫病学》是当今国际上影响最大的一部专门介绍猫病诊断和治疗的学术著作。全书根据病猫的特点及猫主的需求设计，以尽可能满足全球临诊兽医的需求。新版保留了其综合性及易于查找的特点，各篇中的主题仍以字母顺序排列。另外，新增了500多幅图片，对行为学、临床方法及手术的篇章作了大量修改，补充了大量X线、B超、CT及MRI影像诊断技术和病例。

本书是目前为止世界上猫病学的权威专著，对有兴趣从事猫病诊疗、科研和教学的所有人员都不失为一本重要参考书。

本书由甘肃农业大学赵兴绪教授主译，翻译的水平高超，语言通顺，表达流畅，由中国农业大学施振声教授审校。相信本书的出版会对中国猫病临床诊断起到促进作用。

兽医病理学（第5版）

内容简介：本书由来自美国和加拿大的25位著名的病理学专家共同撰写，是欧美等许多国家兽医病理学研究领域的经典著作。全书由病理学总论和器官系统病理学两大部分组成，从形态学和机制论观点诠释病理学和病理损伤，并重点阐明细胞、组织和器官对损伤的反应。本版除更新现存疾病和新发或再次出现疾病的发病机制外，还增加了疾病的遗传性基础、耳部疾病、韧带和肌腱疾病等内容，同时增添了关于微生物感染机制的新章节，并对主要家畜的特定疾病进行描述。全书约300万字，含有1576张彩色图片、56个表、100个框图，内容丰富、系统全面、图文并茂，将病理学知识与临床疾病紧密结合，是适合兽医病理学领域和相关行业广大学生及从业人员参考的有益工具书。

相关链接

国际链接

世界小动物兽医师协会 www.wsava.org
美国兽医学会www. avma.org
亚洲小动物兽医师会www.fasava.org
英国小动物兽医师会www.bsava.org
国际兽医信息网www. vin.com

国内链接

中国畜牧兽医学会 www.caav.org.cn
中国兽医协会 www.cvma.org.cn
中国畜牧兽医杂志 www.chvm.net
中国农业大学 www.cau.edu.net
东西部小动物临床兽医师大会 www.wesavc.com

Eukanuba® 优卡®

只为爱犬卓越表现
高品质营养 六重功效

优卡
活力健康
体系®

优卡活力健康体系®

健康能量　　健康皮毛　　强健肌肉　　消化吸收　　强壮骨骼　　健康牙齿

高品质营养
HIGH QUALITY
NUTRITION

修正旗下宠物品牌

Joint Care
关节护理

杜力德 *懂它所需*

NEW
新包装 配方全面升级

杜力德 宠物爱固宝

关节疼痛　活动力差
退化型关节炎
关节发育不良
骨科手术后恢复

PROBIOTIC COMPLEX
复合益生菌

- 高纯度HCL刺激软骨细胞产生胶原蛋白及蛋白多糖，缓解疼痛及病程；
- 珍贵的低分子量软骨素增加软骨修复程度，对于退化性关节炎有显著影响；
- 活性CBP直接作用于骨细胞,全面修复并再生骨骼；
- 益生菌减缓关节发炎反应及症状,有效降低关节内部发炎细胞浸润;
- 添加的胶原蛋白助益于直接刺激软骨组织再生;
- 姜黄素抑制炎症反应抗氧化、抗类风湿;
- 市场上唯一添加益生菌的关节类产品。

修正 杜力德 宠物事业部
地址:北京市昌平区北七家镇宏福创业园　修正医药科技产业基地 修正大厦
xiuzhengdulide@foxmail.com
010-89752932

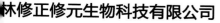

林修正修元生物科技有限公司
止:吉林省长春市高新区修正路858号修正大厦

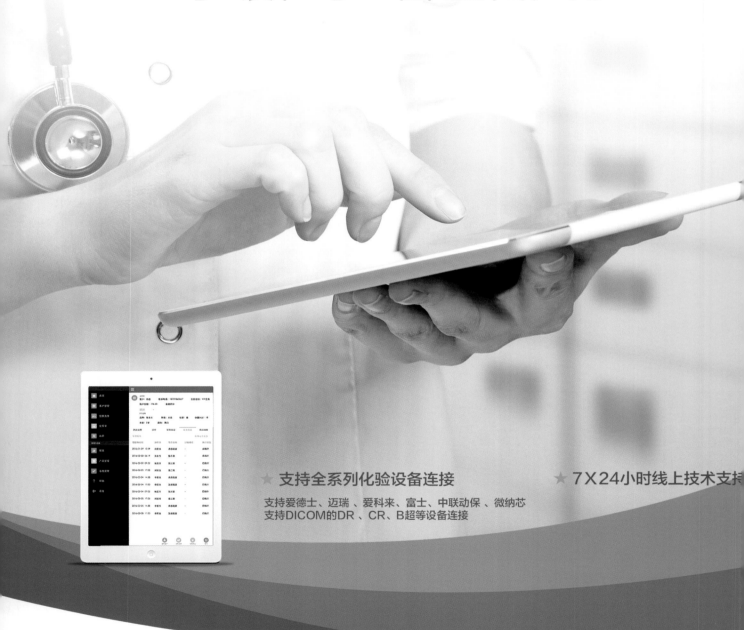

禾丰工业园

沈阳派美特宠物医院

医院内景

锦州派美特动物医院

禾丰集团成立于1995年4月，2014年8月8日于沪市A股上市，股票代码603609。派美特宠物事业是禾丰集团2015年投资的新项目，主要以宠物诊疗及宠物贸易为主营业务，采用宠物医院连锁和宠物医疗贸易并行模式的运营机制，促进优质资源的整合，以专业的技术、先进的管理及细致的服务，呵护我们的动物伙伴，立志成为中国宠物诊疗行业最具有影响力的品牌之一。

派美特自2015年7月成立以来，已经建立起10家宠物医院和两家贸易公司，分布于哈尔滨、长春、锦州、抚顺、铁岭、沈阳及大连。10家宠物医院分别为：派美特沈阳宠物医院、派美特沈阳康福动物医院、派美特哈尔滨宏兴动物医院、派美特大连达达狼宠物医院、派美特锦州太和动物医院、派美特抚顺家乐宠物医院、派美特铁岭好兴旺宠物医院，各店均配备了先进的诊疗设备，同时拥有精英医疗团队，为宠物提供最精准的诊疗服务。

派美特致力于宠物诊疗服务，以"爱心、责任、诚信、敏行"为院训，将立足于东北，进而向南方发达省份及城市发展，未来五年，实现百家宠物医院，向业界精英发出诚挚的邀请，共同引领国内宠物行业的专业技术和先进理念，接轨国际，立志成为行业领军企业。

医院内景

第十八届世界中兽医大会
第六届亚洲传统兽医学术研讨会
第十届中国畜牧兽医学会小动物医学分会大会
第一届国际临床马兽医大会
第十二届北京宠物医师大会

小动物疾病专题 | 动物医院管理专题 | 中兽医专题 | 马病专题